산업 전분야에 대한 AI솔루션

인공지능 혁명

산업 전분야에 대한 AI솔루션

인공지능 혁명

노무라종합연구소 수석 연구원
고메이치 마사토시
노무라종합연구소 책임 연구원
나가야 요시아키 지음
이 원 · 이동훈 옮김

북스힐

시작하며

확대되는 AI의 비즈니스 활용

딥러닝(심층학습)으로 대표되는 AI(첨단 인공지능)를 통해 지금 우리 사회는 커다란 변화의 시기를 맞이하고 있다. AI는 그 이름처럼 인간이 가진 지성과 지능을 인공적으로 실현하는 기술인데, 최근 그 기술이 급속하게 진화하면서 기존에는 실용성이 없다고 여겨지던 여러 분야에서까지 실제로 이용되기 시작했다.

이미 이미지와 음성 인식, 기계 번역 등의 자연언어 처리와 같은 다양한 AI가 스마트폰이나 스마트 스피커 등의 디바이스 형태로 일상에서 사용되고 있다. 이러한 기술이 비즈니스에 적용되는 측면도 급속히 확대되고 있으며, AI의 실용화로 우리의 생활은 커다란 전환기를 맞이하고 있다.

AI에 의한 비즈니스 혁신

미국 IT 전문 조사 기업 IDC에 따르면 2016년 AI에 투자된 약 60억 달러 중 4분의 1은 금융기관에서 나왔다고 한다. 금융 분야에서는 "골드만삭스가 증권 거래의 자동화를 이용해 600명이던 트레이더(평균 연봉 50만 달러)를 2명까지 삭감했다."는 사례도 있으며, 효율화나 비용 절감 측면에서 투자가 가속화되고 있다.

일본 국내에서도 건설기계 제조업체인 고마쓰Komatsu가 자사 제품에 장착된 센서로 건설기계의 정보를 원격으로 확인하는 시스템인 콤트랙스KOMTRAX를 이용해 예방 보수나 에너지 절약 운전 지원과 같은 시스템을 구축해 새로운 서비스 비즈니스를 만들어냈다.

또한 유럽에서는 AI를 활용한 서비스를 적극적으로 진행하는 미 금융 대기업 캐피털 원Capital One 등이 자사를 IT 기업으로 명명하는 등, 스스로의 정체성을 재정의하기 시작했다. 이처럼 AI의 활용은 이미 폭넓은 업종의 비즈니스 혁신에 커다란 영향을 끼치고 있다. 이제부터는 IT와 AI 활용의 우열이 비즈니스의 미래를 좌우하는 시대가 되었다고 할 수 있다.

일본의 과제는 AI 인재 부족

최근에는 구글이나 마이크로소프트 같은 대규모 클라우드 벤더Cloud vender(클라우드 컴퓨팅 서비스를 제공하는 제공처-옮긴이)가 'AI의 민주화'를 촉진하기 위해 AI를 쉽게 이용하고 개발할 수 있는 환경을 적극적으로 제공하고 있다. 그래서 간단한 AI 시스템이라면 누구든 비교적 쉽게 AI 시스템을 구축할 수 있게 되었다. 하지만 기업은 누구나 이용할 수 있는 기술을 사용하는 것에 그치지 않고 다른 회사와의 차별화를 도모해야 하므로 새로운 기술을 활용한 비즈니스를 먼저 찾아내야 한다.

일본 기업들이 AI를 차별화의 무기로 삼으려면 많은 과제를 수행해야 한다. 그 중 하나가 AI 인재이다. 특히 기업 내의 AI 인재 부족은 심각한 상황이다. 기업이 필요로 하는 인재 중에서도 AI 개발 인재가 부족한 상황은 언론에서도 주목하고 있어 과제라는 인식은 높아졌지만, 'AI의 특성을 잘 파악해 비즈니스나 솔루션을 만드는 인재'가 부족하다는 점은 아직 충분히 인지하고 있지 않다.

AI를 차별화의 무기로 만드는 체제 조성

AI를 활용한 서비스나 솔루션을 개발하려면 시행착오는 불가피하다. 체계적으로 접근하지 않으면 생산성이 오르지 않는다. 따라서 효율적인 서비스나 솔루션 개발을 위해서는 적절한 인재 발굴과 개발을 추진하는 체계적인 방법론을 갖출 필요가 있다.

일본에서는 연구 개발 풍토가 조성된 제조업 분야가 이러한 노력에 앞장서고 있다. 또한 해외에서는 2000년대 초반부터 생산성을 높이기 위해 서비스 사이언스에 힘을 기울여 성과를 거두었으며, 금융이나 서비스업과 같은 분야에서도 연구 개발에 매진해 업무를 개선하고 서비스를 개발해왔다.

앞으로 일본에서 AI 적용 영역을 확대하려면 모든 업종과 업태에서 이런 새로운 접근법을 활용해 기술 이용을 추진하는 체제를 만들어야 한다.

이를 위한 첫걸음으로 신규 사업이나 솔루션을 개발하는 비즈니스맨뿐만 아니라 경영자들도 AI에 대한 정확한 지식이나 연구 개발적인 대처 방법을 습득해야 하는 것은 피할 수 없는 현실이 되었다.

이 책의 목적과 대상 독자

이 책은 AI와 관련된 첫 번째 대응으로서 AI의 기본부터 첨단 비즈니스 사례, AI 시스템 구축 시 유의사항 등 AI를 활용하는 데 필요한 사항을 비즈니스맨이나 일반인들에게 알기 쉽게 전달하기 위해 집필되었다.

그러므로 전문 지식이 전혀 없거나 문과 출신인 독자들도 이해할 수 있도록 쉽게 집필하려고 노력했다. 또한 일러스트와 도표, 사진 등을 풍부히 활용해 읽는 것에 더해 보는 것으로도 이해할 수 있도록 배려했다. 이 책의 주요 대상 독자는 다음과 같은 분들이다.

대상 독자

- AI를 기초부터 배우고 싶은 분
- AI가 사회와 비즈니스에 끼치는 영향을 알고 싶은 분
- AI를 활용한 시스템과 솔루션 개발에 종사하는 비즈니스맨
- AI를 비즈니스 혁신에 활용하고 싶은 경영자

이 책의 내용

- 과거의 AI 붐부터 현재의 AI 붐에 이르기까지의 흐름
- 음성 인식이나 이미지 인식, 자연언어 처리 등 AI의 요소
- AI가 소매나 금융, 자동차, 의료 등 각 분야에서 활용되는 사례
- AI를 이용한 시스템을 개발하는 데 필요한 도구 등의 정보
- AI를 개발하는 데 중요한 지적재산에 관한 문제
- CNN, RNN, 심층 강화 학습 등 대표적인 딥러닝 방법
- AI가 고용과 인간의 능력에 끼치는 영향
- 현재의 인공지능 기업군과 그 특화 분야의 관계를 나타낸 조감도

이 책을 통해 AI에 관한 이해를 높이고, AI를 활용한 비즈니스 변혁이나 신규 솔루션 개발에 도움이 되길 바란다.

고메이치 마사토시 / 나가야 요시아키

차례

CHAPTER **3**

사회의 시스템을 바꾼다! AI 활용 사례집

CHAPTER **4**

AI 개발의 구조와 포인트

CHAPTER 5

첨단 이론을 이해하자! AI의 원리와 연구의 최전선

CHAPTER 6

AI는 인간을 뛰어넘을 수 있을까? AI의 발전과 미래

AI의 변천과 최신 동향

AI는 2018년부터 시작된 세 번째 붐을 이어가고 있다. 이번 붐에서는 비즈니스에서의 AI 이용이 급속히 확대되었으며, 사회 곳곳에 커다란 영향을 끼치기 시작했다. 그러나 이러한 AI 기술은 최근 탄생한 것이 아니며, 과거에 연구 개발을 진행했던 결과가 열매를 맺은 것이라고 할 수 있다. 이번 장에서는 지금까지의 AI 진화 과정을 파악해보고, 현재 AI의 핵심인 딥러닝의 탄생 배경을 살펴보겠다.

CHAPTER 1

1-1

서론

AI의 진화와 이용의 확대

AI란 문자 그대로 인간이 가지고 있는 지성과 지능을 인공적으로 실현하는 기술이다. 최근에는 기술이 급속하게 진화해 비즈니스에도 널리 적용되기 시작했다.

진화하는 알파고

2017년 12월 7일, 저자는 미국 캘리포니아 롱비치에서 열린 NIPSNeural Information Processing Systems라는 신경정보처리 시스템 국제학회 회의장에 있었다. NIPS는 신경과학과 현재 AI의 주류인 기계학습 연구자들이 모이는 학술회의장으로서, 30년 이상의 역사를 가지고 있다. AI와 관련해서는 세계 최고의 연구 발표가 이루어지는 학술회의장이다.

이날의 하이라이트는 심층 강화 학습[1] 심포지엄이었는데, 구글 산하의 딥마인드DeepMind사가 개발한 **알파제로**AlphaZero에 대한 발표였다. 강연의 부제목은 "Mastering Games without Human Knowledge", 다시 말해 "인간의 지식 없이 (여러) 게임의 달인이 된다."였다.

2016년 3월에 딥마인드사가 개발한 AI 바둑 프로그램, **알파고**AlphaGo가 세계 최고의 실력을 갖춘 한국의 프로 바둑기사, 이세돌 9단에게 완승했을 때 AI의 학습 과정은 인간이 둔 기보 3,000만 개를 활용했다. 그러나 알파제로는 이러한 인간의 지식을 전혀 활용하지 않는다. 알파제로는 알파제로끼리 셀프 대전을 하면

1 **심층 강화 학습** p.244 참조.

서 강한 수를 학습하는 AI로 진화했다.

이와 같은 방법은 알파제로에 앞서 2017년 10월 19일에 발표된 알파고 제로 AlphaGo Zero에서도 이미 활용되었지만 놀랍게도 알파고 제로는 인간의 지식을 이용하지 않은 것에서 한층 더 나아갔다. 겨우 3일 동안의 셀프 대전 학습만으로 이세돌을 이긴 알파고를 100승 0패로 쓰러트리고 말았던 것이다.

알파제로는 알파고 제로보다 성능이 향상되었으며 범용화된 AI이다. 성능 면에서 알파제로는 겨우 8시간의 셀프 학습(다음 페이지 위 그림에서는 165k 스텝에 상당)으로 알파고를 뛰어넘었다.

딥마인드의 웹사이트

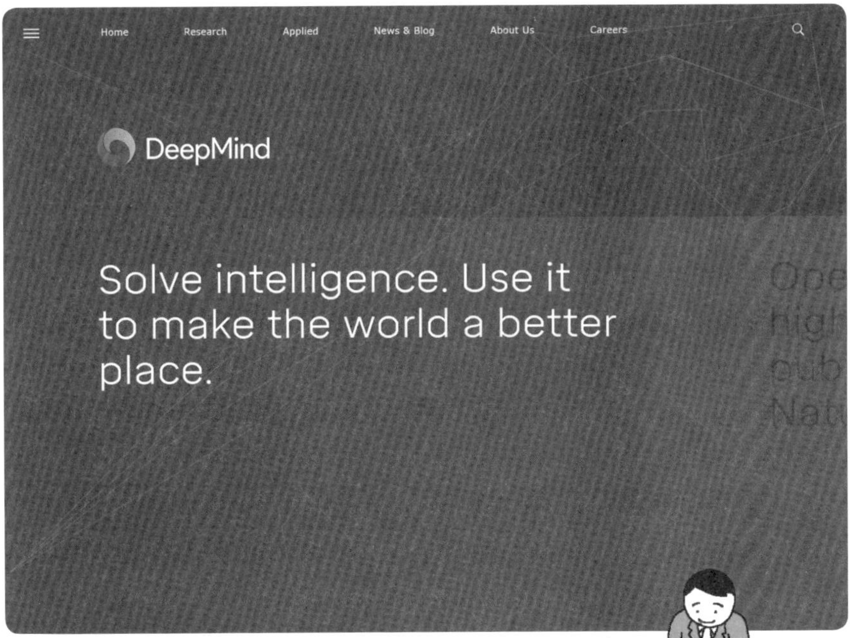

출처: https://deepmind.com/

알파제로의 성능

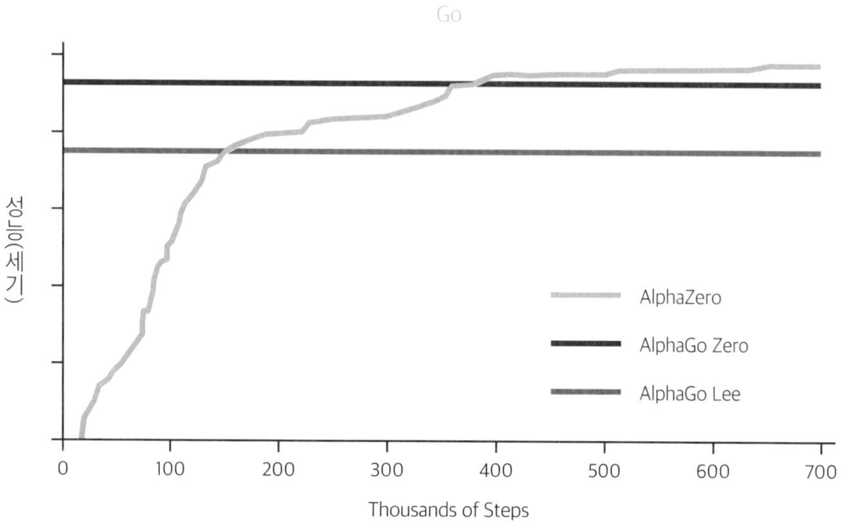

세로축은 성능(세기), 가로축은 학습 시간으로 100k 스텝은 약 5시간에 해당한다.

출처: Mastering Chess and Shogi by Self-Play with a General Reinforcement Learning Algorithm(arXiv: 1712.01815v1), David Silver 등을 바탕으로 작성

알파고의 변천

버전	발표 시기	대전 성적	특징	대전에 사용한 하드웨어
AlphaGo	2016년 1월	이세돌에게 4 : 1로 승리	유단자의 기보를 학습에 이용	176GPU 48TPU
AlphaGo Zero	2017년 10월	알파고 마스터※에게 89 : 11로 승리	인간의 기보를 이용하지 않음	4TPU
AlphaZero	2017년 12월	알파고 제로에게 60 : 40으로 승리	인간의 기보를 이용하지 않음 바둑뿐만 아니라 체스와 장기의 AI 챔피언에게도 승리	4TPU

출처: 노무라 종합연구소

※ 알파고 마스터는 알파고의 개량형

또한 하나의 AI로 바둑 AI인 알파고 제로에게 승리했을 뿐만 아니라 체스 챔피언 프로그램인 스톡피시Stockfish[2]와 장기 챔피언 프로그램인 엘모Elmo[3]에게도 승리했다. 알파제로는 알파고를 진화시킴으로써 인간의 지식 없이도 여러 보드 게임에서 달인의 영역에 이른 AI이다.

알파고보다 1년 일찍 등장한 딥Q네트워크

알파고에 이용된 기술 몇 가지는 알파고가 등장하기 약 1년 전에 스페이스 인베이더나 블록 붕괴와 같은 비디오 게임을 학습하는 AI 실현 기술로 개발되었다.

딥Q네트워크DQN라고 명명된 그 알고리즘은 게임 상에서 랜덤으로 움직일 뿐이어서 순식간에 적에게 쓰러졌다.

그러나 1시간, 2시간 게임을 계속하면서 시행착오를 거듭했고, 서서히 상대를 쓰러트리는 기술을 배워갔다. DQN에는 알파고처럼 게임 이미지를 딥러닝[4]으로 인식하는 기술과 게임을 플레이하면서 상대의 이점을 빼앗는 동작이 이롭다는 것을 배우는 강화 학습 기능이 내장되어 있었던 것이다. DQN의 우수한 점은 여러 개의 게임에 각각 대응하는 프로그램으로 실현된 것이 아니라, 일종의 학습 프로그램으로 이루어졌다는 점이다. 범용성과 셀프 학습 능력, 인간에게는 훨씬 못 미치지만 이 두 가지 기능을 실현하는 기술이야말로 딥마인드가 목표로 하는 '범용 인공지능 실현'을 위한 중요한 요소기술인 것이다. DQN에는 그 기술이 추가되었다.

딥마인드는 게임 대부분을 연구 대상으로 삼고 있다. NIPS의 심층 강화 학습

2 **스톡피시** 오픈소스로 개발된 체스 엔진으로, 2013년 비공식 세계 컴퓨터 체스 선수권대회에서 우승했다.
3 **엘모** 컴퓨터 장기 프로그램. 2017년 제27회 세계 컴퓨터 장기 선수권대회에서 우승했다.
4 **딥러닝** p.25, 44 참조.

스타크래프트 II의 전투 화면

©Blizzard Entertainment

심포지엄에서는 알파고 이외의 내용도 발표되었다. 그 발표에서는 우주를 무대로 한 스타크래프트라는 실시간 전략Real-time Strategy: RTS 게임에 대한 도전 의지를 나타내기도 했다.

강연의 제목은 'StarCraft II: A New Challenge for Reinforcement Learning'이었는데, 구체적으로는 딥마인드가 게임 개발사인 블리자드와 제휴해 AI 개발자가 게임 개선을 위한 환경을 개발한다는 내용이었다. 바둑은 장기나 체스 등에 비해 국면 수[5]가 매우 큰데, 10의 170제곱이나 된다고 한다. 스타크래프트의 복잡함 또한 10의 100제곱에 달할 것으로 예측된다. 딥마인드는 이처럼 복잡한 대상에 대해 실시간으로 전략을 구축하고 실행하는 AI를 실현하려 하고 있다.

5 **국면 수** 바둑, 장기 등의 전개 형성 수.

확대되는 AI의 활용

AI의 활용은 바둑과 같은 게임 세계뿐만 아니라 실제 세계에서도 확산되고 있다. 그 대표적인 예가 IBM이 개발한 왓슨Watson이다.

왓슨은 인간이 회화에 사용하는 자연언어를 해석하고 스스로 축적한 정보를 기반으로 가설을 생성하고 학습하는 기능을 갖춘 시스템이다.

왓슨의 등장도 딥마인드의 알파고 못지않게 충격적이었다. 왓슨은 2011년 미국의 인기 퀴즈 방송 〈제퍼디Jeopardy!〉에서 책과 백과사전 등의 서적 약 100만 권, 2억 페이지 분량에 달하는 대량의 텍스트 데이터 지식을 기반으로 인간 챔피언에게 승리했다.

딥마인드와 달리 IBM은 왓슨의 기술을 상용화하기 위해 병원과 제휴해 의료 분야에서 왓슨을 응용할 수 있는지 시험하는 작업을 시작했다. 2014년 10월에는 왓슨 사업을 총괄하는 그룹 본부를 뉴욕 시의 실리콘 앨리 지구에 개설했으며 이와 동시에 'Watson Client Experience Center'라는 이름의 지부를 전 세계 다섯 곳에 설치했다.

왓슨의 기능은 자연언어 처리를 베이스로 하며, 사람과의 대화를 비롯해 시스템에 축적된 전문 지식과 업무 지식을 이용해 인간의 의사 결정을 돕는다. 일본에서는 미즈호 은행이나 보험회사인 MS&AD 인슈어런스 그룹이 콜센터 상담원의 업무를 지원하기 위해 왓슨을 적용하는 등 금융기관에서 활용하고 있다. 최근에는 챗봇[6]이라고 불리는 대화 시스템에도 많이 이용되고 있다.

AI는 과거 이미 두 번의 붐을 경험했으며 이번이 세 번째 붐이다. 과거 두 번의 붐에서는 비즈니스 분야에 거의 적용되지 않았기 때문에 AI에 관한 노력이 소극

6 챗봇 p.74 참조.

적이었다. 그러나 세 번째인 이번에는 왓슨처럼 비즈니스 활용의 토양을 비옥하게 만든 선두주자 덕분에 상당히 강력한 이용 확대가 기대된다.

개발 당시 연구 목적이었던 알파고에 이용된 강화 학습[7] 기술은 구글 데이터센터의 냉각 시스템 운용을 최적화함으로써 에너지를 절약하는 데 도움을 주고 있다. 이러한 연구 개발의 노력 결과를 딥마인드만 이용하지는 않는다. 해당 연구 결과들은 논문 형태로 공유되어 많은 기업과 연구기관이 그 방법을 비즈니스에 적용하고 있다.

예를 들어 강화 학습 기술은 자동운전과 로봇 제어, 주식거래의 전략 책정과 집행 자동화 같은 곳에 널리 이용된다. 이전까지의 AI 붐과 달리, 지금은 최첨단 연구 개발의 성과를 비즈니스에 적용하는 시스템이 구축되어 있다.

그러나 AI의 진화나 활용 확대가 긍정적인 효과만 가져다주는 것은 아니다. AI가 인간의 업무를 빼앗지 않을까 하는 불안 역시 확산되고 있는 것이다. 예를 들어 자율주행차가 일반화되면 택시나 트럭 등 운수업에 종사하는 사람들이 직업을 잃을 수도 있다. 따라서 이 책에서는 AI가 어떠한 기술인지 살펴보고 그것이 우리의 생활과 비즈니스, 사회에 앞으로 어떠한 영향을 미칠 가능성이 있는지 고찰해볼 것이다.

7 강화 학습 p.244 참조.

1-2

AI의 역사를 학습하는

AI 붐의 변천

과거 두 번의 붐을 거쳐 현재 AI는 세 번째 붐을 맞이하고 있다. 이제부터는 지금까지의 AI 역사를 돌아보고 AI가 무엇인지에 대해 살펴보겠다.

AI란 무엇인가, 범용 인공지능과 특화형 인공지능

인공지능AI이란 말 그대로 인간이 가지고 있을 법한 지성과 지능을 인공적으로 실현하는 기술을 가리킨다. 현재 인간의 지능과 동등한 구조를 실현하는 기술은 존재하지 않는다. 알파고를 개발한 딥마인드의 창업자 데미스 허사비스 Demis Hassabis는 기계학습과 뇌신경과학을 융합시켜 인간처럼 다양한 과제를 지적으로 판단하는 **범용 인공지능**Artificial General Intelligence: AGI을 실현하려 하고 있다.

하지만 현재 AI라고 불리는 기술은 자동운전과 바둑을 두는 특정 목적에서는 인간과 동등한 레벨을 뛰어넘는 지적 능력을 발휘하지만 범용성이 없다. 이처럼 목적에 특화된 AI를 **특화형 인공지능**이라고 부른다.

대부분의 특화형 인공지능은 과거에서 현재에 이르는 AI 붐을 통해 개발된 딥러닝을 비롯한 다양한 기술을 이용하고 있다.

AI라는 말의 정의가 모호한 이유는 AI가 단일 기술이 아닌 여러 기술의 집합체이기 때문이라고 여겨진다. 기존에는 범용 인공지능과 특화형 인공지능 그리고 기타 자동화 기술을 분류해야 한다는 생각이 있었다. 하지만 지금까지 단순한 자동화나 빅데이터 분석의 범주였던 기술이 AI 붐에 편승하는 형태가 되어 제품이나 서비스에 AI라는 이름을 붙이는 경우가 많아진 것이 현실이다.

AI 붐의 역사

AI라는 말은 첫 번째 AI 붐의 시기에 탄생했다.

1956년 미국 다트머스 학회에서 당시 다트머스 대학의 수학 조교수였던 존 매카시John McCarthy가 인간처럼 생각하는 기계를 '인공지능'이라고 이름 붙였다. 현재의 전자계산기 원형 중 하나인 에니악ENIAC이 탄생한 것이 1946년이므로 AI라는 개념은 전자계산기의 여명기부터 존재했다고 할 수 있다.

당시 연구자들은 추론과 탐색이라고 불린 기술 요소로 인간과 동등한 지능을 실현하고자 했다. 하지만 퍼즐이나 간단한 게임만 풀 수 있을 뿐 실용적인 기능은 거의 불가능했다. 당시 취급하던 과제는 복잡함이 얽혀 있는 실제 세계와는 다르며 명확한 규칙과 제약 조건이 있는 '장난감 문제toy problem'였다. 따라서 결국 1970년대에 침체기를 맞이하게 된다.

두 번째 붐은 1980년대에 일어났다. 이때는 전문가의 지식을 규칙으로 가르치고 문제를 풀게 하는 '엑스퍼트 시스템' 연구가 진행되었다. 비즈니스에 대한 응용 예시가 생겼지만, 적용 범위가 한정된 까닭에 붐이 서서히 가라앉으며 다시 침체기를 맞이했다. 인간이 AI에게 규칙을 가르치는 일이 생각보다 훨씬 어려웠던 것이다.

최근에 일어난 세 번째 붐의 원동력이 바로 선진적인 기계학습의 실용화이다. **기계학습**이란 대량의 데이터로 컴퓨터를 학습시켜 인간처럼 음성이나 이미지를 인식하거나 최적의 판단을 내릴 수 있게 하는 기술이다.

이러한 생각 자체는 새로운 것이 아니다. 첫 번째 AI 붐인 1960년대에 원형이 등장한 바 있다. 하지만 기계학습이 실용 레벨에 이르기까지 시간이 걸렸다. 기계학습에 대량의 학습 데이터가 필요했으며, 학습 프로세스를 익히기 위해서는 방대한 계산기 리소스가 필요했기 때문이다.

2000년대 후반이 되자 드디어 빅데이터 기반을 실용적인 비용으로 구축할 수 있게 되었으며, 이로써 대량 학습 데이터를 처음으로 쉽게 취득할 수 있게 되었다.

3차 AI 붐을 견인하는 기계학습 기술에는 다양한 방법이 있다. 그중에서도 특

인공지능(AI)의 역사

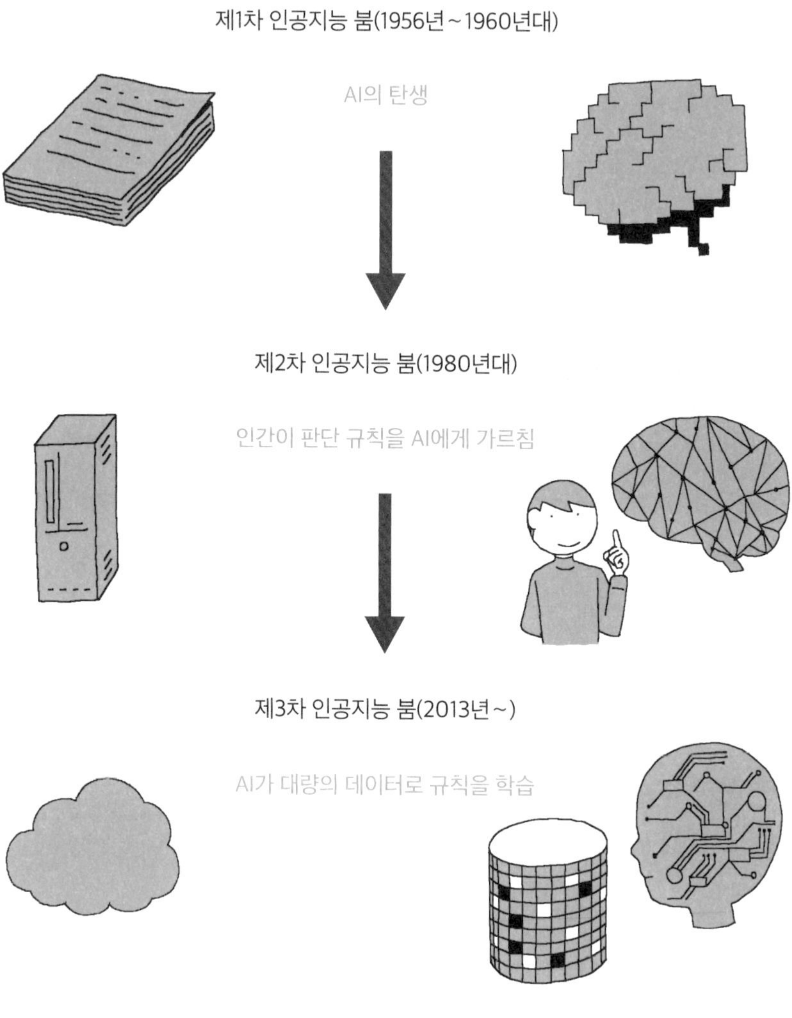

히 주목할 만한 것이 '딥러닝(심층학습)'이다. 딥러닝이란 인간의 뇌를 모방한 '뉴럴 네트워크'를 이용해 대량의 데이터를 학습하는 방법이다. '뉴럴 네트워크'라는 생각 자체는 이전부터 존재해왔지만, 현재 주류가 되는 딥러닝의 실현 방법은 2006년에 등장했다.

지금도 이용되는 추론과 탐색

1950년대에 시작된 AI 연구로 많은 방법과 기술이 생겨났다. 이 가운데 대부분의 기술은 지금도 사용되고 있다. 예를 들어 첫 번째 AI 붐 시대에 탄생한 탐색 기술은 진화를 거듭해 강화 학습과 함께 알파고를 실현하는 주요 기술로 이용되고 있다.

여기에서는 탐색을 이해하기 위해 바둑보다 간단한 3목 나열을 예시로 들어보겠다. 3목 나열에서는 어떠한 방법이 좋을지 탐색하는데 **탐색 나무**를 활용하는 방법이 효과적이다. 탐색 나무란 어떤 상태에서 가능한 선택지를 나무와 같은 구조로 표현하고 조사하는 방법이다. 다음 페이지 그림에서 반면(장기, 바둑판 등의 겉면-옮긴이)이 상태 A일 경우, 다음에 취할 수 있는 반면 상태는 하단에 있는 다섯 가지이다. 또한 가장 왼쪽 상태인 B에서 취할 수 있는 다음 상태는 그 아랫단에 있는 네 가지이다. 3목 나열일 경우, 최초의 첫 번째 수부터 모든 수를 이런 식으로 '샅샅이 조사해서' 탐색한다면 모두 5,478수가 나온다.

이처럼 사전에 모든 수를 탐색해두면 게임에서 이기기 위해 어떤 수를 두면 좋을지 쉽게 판단할 수 있다. 그러나 바둑이나 장기에서는 반면의 상태 수가 매우 많으므로 '샅샅이 조사하기'로 게임에서 이기는 수를 탐색하기가 불가능하다.

바둑의 반면에는 10의 170제곱이나 되는 상태가 있다. 이처럼 상태 수가 크다면 슈퍼컴퓨터를 사용해도 절대 감당할 수 없다. 그러므로 바둑이나 장기에서는

● **3목 나열에서의 탐색**

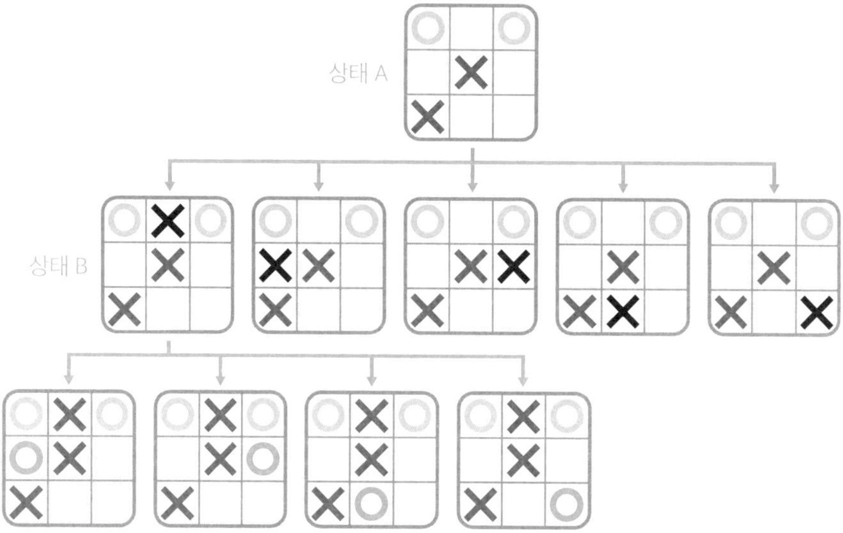

일반적으로 어떠한 지침에 따라 이길 가능성이 크다고 예상되는 수에 대해서만 깊이 탐색한다.

알파고에서는 **몬테카를로 나무 탐색**이라는 방법이 사용되었다. 몬테카를로 나무 탐색에서는 상태 B에서 '샅샅이 조사하기'로 탐색하지 않고 승리·패배·무승부 중 하나에 도달할 때까지 무작위로 계속 수를 놓는다. 이러한 처리를 각 상태에서 반복 시행하고, 승리하는 케이스가 더 많은 루트를 집중적으로 탐색한다. 참고로 몬테카를로라는 이름은 카지노로 유명한 나라인 모나코 공국의 몬테카를로 지역에서 유래했다. 시뮬레이션 등의 방법에서 어려운 수나 무작위성을 활용하는 경우에 잘 쓰이는 명칭이다.

이처럼 오래전부터 있던 기술은 탐색에서만 활용되는 것이 아니다. 예를 들어 두 번째 AI 붐의 핵심 기술인 룰 베이스 AI는 현재 붐인 챗봇이나 음성 단말에서도 많이 이용되고 있다.

또한 이번 AI 붐의 특징 중 하나는 이처럼 이전부터 존재하던 AI 기술 및 방법과 딥러닝을 조합시켜 이용하는 사례가 늘고 있다는 것이다. 예를 들어 강화 학습이나 생성 모델 같은 방법은 예전부터 있었지만 딥러닝과 조합되어 **심층 강화 학습**[8]이나 **심층 생성 모델**[9]이라는 방법이 탄생했고, 기존의 방법을 강화해 이용할 수 있게 되었다는 점도 간과할 수 없다.

8 **심층 강화 학습** p.244 참조.
9 **심층 생성 모델** p.240 참조.

1-3

제3차 AI 붐의 주연

딥러닝의 탄생

지금은 AI의 대명사가 된 딥러닝이지만 실현까지의 여정은 절대 평탄하지 않았다. 겨우 십수 년 전까지만 해도 딥러닝 연구는 AI 연구 중에서도 소수에 속했다.

퍼셉트론에 대한 기대와 좌절

딥러닝은 인간의 뇌 구조를 본뜬 AI이다. 뇌의 구조를 본뜬 이러한 AI 연구는 1940년대에 시작되었다. 그중에서도 1957년에 미국의 심리학자 프랭크 로젠블랫Frank Rosenblatt이 고안한 **퍼셉트론**perceptron은 인간의 시각과 뇌의 기능을 본뜬 뉴럴 네트워크로서 주목을 받았다. 비록 입력층과 출력층으로 이루어진 단

퍼셉트론

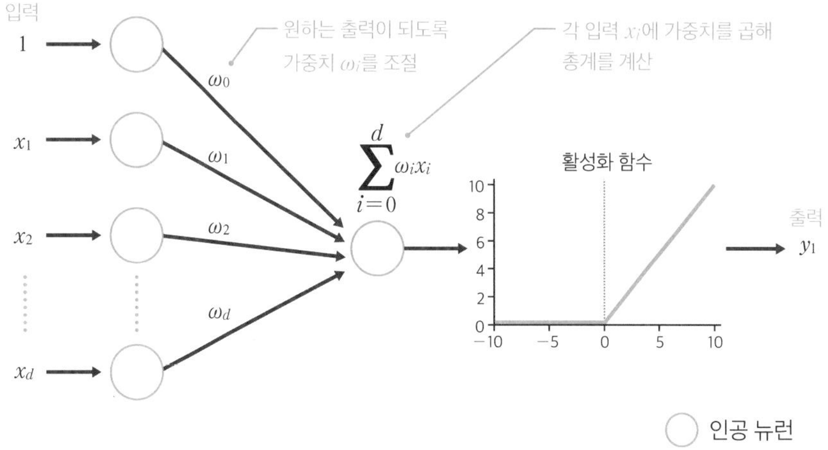

순한 뉴럴 네트워크였지만 학습을 통해 패턴 인식[10]을 실현할 수 있게 되었다.

뉴럴 네트워크를 공학적으로 모델화한 사례를 25페이지 그림으로 나타냈다. 패턴 인식의 경우, 입력층에는 패턴 인식 대상의 특징량 x_i를 입력한다. 그리고 입력과 신경세포 사이의 접속 강도에 상당하는 가중치 ω_i를 곱한 값을 출력층인 뉴런에 입력한다.

출력층인 뉴런은 그 입력값을 모두 합산한다. 그리고 합산치를 활성화 함수에 넣은 것이 출력 뉴런의 최종적인 출력이 된다. 활성화 함수에는 다양한 종류가 있지만 초기 퍼셉트론에서는 입력이 플러스 값일 경우에는 1을 출력하고, 마이너스 값일 경우에는 0을 출력하도록 처리했다.

뉴럴 네트워크가 패턴을 인식하게 하려면 입력값과 출력값을 한 쌍으로 한 학습 데이터로 학습시킨다. 학습은 각 입력이 학습 데이터의 출력과 같은 값을 얻을 수 있도록 가중치 ω가 설정될 때까지 실시한다. 예를 들어 신장과 체중을 특징량으로 삼아 개인지 아닌지를 식별하는 경우, 신장과 체중값을 입력하고 개인 경우 출력이 1이 되도록 ω값을 조정한다.

한때 꽤 주목을 받았던 퍼셉트론이지만 1969년에 인공지능학자 마빈 민스키 Marvin Lee Minsky가 단순한 퍼셉트론으로는 선형 분리가 가능한 것[11]만 학습할 수 있다는 점을 지적해 연구가 시들해졌다. 다시 말해 곡선이 아니면 분리할 수 없는 복잡한 분포에서는 단순한 퍼셉트론을 이용할 수 없다는 것이 증명된 것이다.

그 후 이러한 문제는 입력층과 출력층 사이에 새로운 은닉층을 추가하면 해결할 수 있는 것으로 밝혀졌다. 또한 두 번째 인공지능 붐인 1986년에는 미국의 심

10 **패턴 인식** 이미지와 음성 등의 데이터로 의미를 추출하거나 분류하는 일.

11 **선형 분리 가능한 것** 예를 들어 x_1, x_2 평면상에 존재하는 2개의 군을 분리할 때, 하나의 직선만으로 경계를 분리할 수 있다는 것을 의미한다.

선형 분리 가능

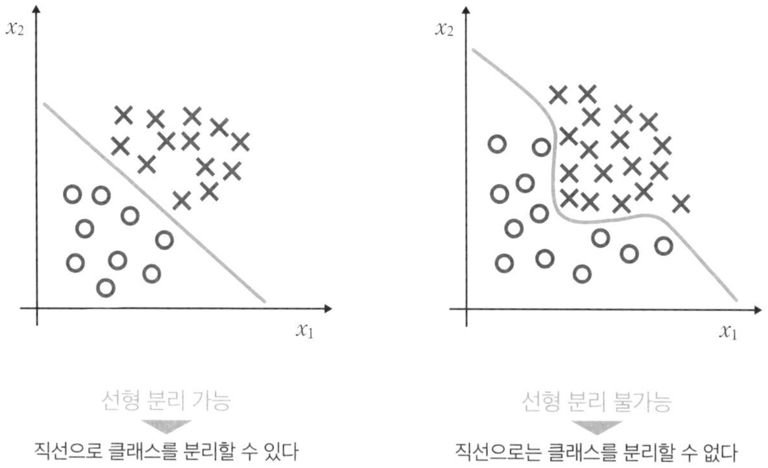

리학자 데이비드 러멜하트David Rumelhart의 연구진이 은닉층을 가진 뉴럴 네트워크를 빠르게 학습하는 방법인 '백프로퍼게이션Backpropagation'을 발견했다. 이로써 뉴럴 네트워크의 연구가 다시 붐을 일으켰지만 다층 뉴럴 네트워크의 학습 정밀도가 좀처럼 향상되지 않아 연구는 다시 시들해지고 말았다.

뉴럴 네트워크의 암흑시대

현재의 딥러닝 기술 원형은 2006년 무렵에 만들어졌다.

그러나 원형이 만들어지기까지의 길은 절대로 평탄하지 않았다. 현재 딥러닝 기술의 주역인 제프리 힌턴Geoffrey Everest Hinton 교수가 영국의 케임브리지 대학과 미국의 카네기멜론 대학에서 경력을 쌓아 캐나다 토론토 대학으로 이적한 것은 1987년의 일이었다. 힌턴 교수는 러멜하트의 '오차 역전파법Backpropagation method' 논문 공저자이며, 이후에도 다층 뉴럴 네트워크의 연구를 계속해왔다.

그가 토론토 대학으로 이적한 이유 중 하나는 캐나다 첨단 연구기구CIFAR의 지원 때문이었다. 그러나 1990년대 초반부터 뉴럴 네트워크 분야 연구에 대한 비난이 격심해졌고, 1990년대 중반에는 CIFAR의 지원도 끊기고 말았다. 그렇게 당시의 뉴럴 네트워크 연구는 학회에서의 논문 발표도 좀처럼 통과되지 않았고, 우수한 학생을 연구실에 유치하기도 어려운 상태가 되었다.

많은 연구자들이 뉴럴 네트워크 연구에 부정적이었던 이유는 뉴럴 네트워크 간 접속 가중치의 최적화가 어려웠기 때문이다. 뉴럴 네트워크의 층수를 늘리면 인식 정밀도가 올라갈 것으로 기대했지만 층수의 증가와 동시에 설정해야 하는 파라미터 수가 늘어나 최적값을 구하기 어려워졌다.

또한 기계학습 분야에서는 1990년대 초반에 이미 서포트 벡터 머신support vector machine[12]이라는 방법으로 기계학습 방법을 개선함으로써 선형 분리가 불가능한 문제에도 뛰어난 성능을 발휘하고 있었다. 이는 뉴럴 네트워크 연구자들에게 불리하게 작용했다.

딥러닝의 탄생

2004년, 이러한 상황에 변화가 발생했다. CIFAR가 다시 힌턴 교수팀의 연구를 지원하기 시작한 것이다. CIFAR는 연간 40만 캐나다 달러를 지원했는데, 절대 큰 액수라고 할 수는 없었다. 그러나 이러한 지원을 통해 현재 딥러닝 기술의 기초를 만든 몬트리올 대학의 요슈아 벤지오Yoshua Bengio 교수, 뉴욕 대학의 얀 르쿤Yann LeCun 교수, 스탠퍼드 대학의 앤드루 응Andrew Ng 교수 등으로 이루어진 프로젝트팀의 연구가 큰 진전을 이루었다.

12 **서포트 벡터 머신** 기계학습 방법의 하나로, 분류나 회귀에 적용할 수 있다.

CIFAR의 지원을 받은 지 2년 후인 2006년에 힌턴 교수 연구진의 프로젝트팀은 **오토인코더**AutoEncoder라는 방법을 개발했다. 오토인코더는 뉴럴 네트워크의 출력층 값이 입력층과 같아지도록 뉴럴 네트워크 간의 가중치 파라미터를 조정하는 방법이다.

오토인코더는 은닉층을 입력층이나 출력층보다도 적은 수의 인공 뉴런으로 구성한다. 오토인코더는 입출력이 같으므로 언뜻 보기에는 의미 있는 동작을 하지 않는 것처럼 보일 수도 있지만 은닉층 인공 뉴런의 수가 적다는 것은 도중에 정보가 압축되었다는 것을 의미한다. 그러므로 오토인코더가 입력층과 같은 정보를 출력층에 내보내도록 파라미터를 설정할 수 있다면, 이 뉴럴 네트워크는 입력된 데이터의 특징을 잘 파악했다고 생각할 수 있다.

이는 기존의 기계학습 방법으로는 어려웠던 특징 추출 작업을 뉴럴 네트워크가 스스로 실현할 수 있다는 의미이다. 오토인코더로 획득한 뉴럴 네트워크의 가

오토인코더의 동작

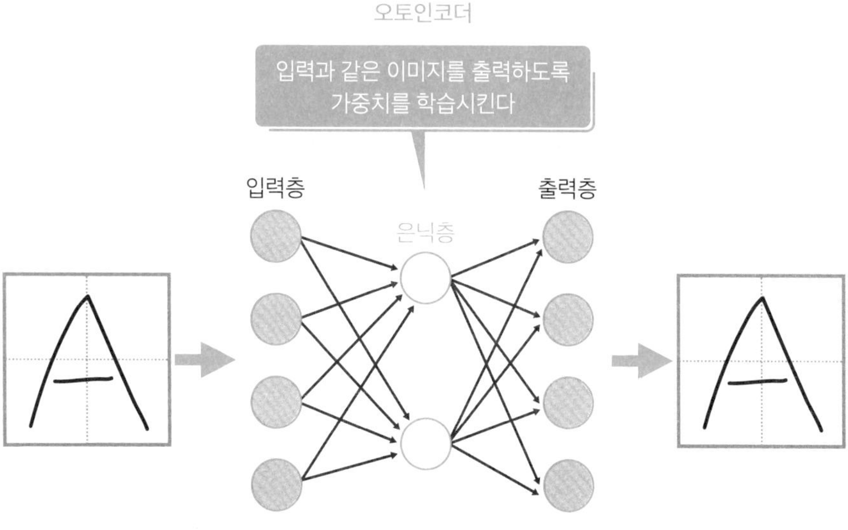

중치를 사용해 패턴 인식용 뉴럴 네트워크를 초기화해 다층 뉴럴 네트워크가 대상의 특징을 파악할 수 있게 되었기 때문에 결국 높은 인식률을 실현할 수 있게 되었다.

오토인코더는 뉴럴 네트워크의 실현 방법에 커다란 발전을 가져왔다. 이러한 다층 뉴럴 네트워크의 학습 방법을 딥러닝이라고 한다.

그 후 빅데이터를 통한 학습 데이터를 쉽게 입수할 수 있게 되었고, GPU Graphics Processing Unit 라고 불리는 고속 연산 프로세서를 이용하게 되면서 딥러닝은 성능이 한층 더 향상되었다. 그리고 패턴 인식 분야에서 압도적인 지위를 구축하는 데 이르렀다.

데이터 분석과 패턴 인식

1-4 어른 AI와 어린이 AI

현재 AI라고 부르는 기술에는 크게 분류해 데이터 분석과 패턴 인식이라는 두 가지 적용 분야가 있다. 이는 기술적인 성숙도나 이용 상황이 다르므로 그 차이를 이해한 다음 취급할 필요가 있다.

어른과 어린이, 2개의 AI

인간은 컴퓨터나 로봇을 이용해 많은 작업을 대체하거나 효율성을 높이고자 한다. 현재 컴퓨터나 로봇이 수행하는 작업은 성능이나 비용 면에서 인간이 실현하기는 어렵지만, 기계에게는 쉬운 일이다.

한편 인간이라면 어린이도 쉽게 할 수 있지만, 기계는 간단히 할 수 없는 작업이 있다. 인공지능 연구자들은 이러한 개념을 **모라벡의 역설**Moravec's Paradox이라고 이름 붙였다. 모라벡의 역설이란, 컴퓨터나 로봇이 어른이 할 수 있는 일보다 어린이가 할 수 있는 일을 수행하기 어려워한다는 역설이다.

이 개념은 두 번째 AI 붐이 일어났던 1980년대에 한스 모라벡Hans Moravec, 로드니 브룩스Rodney Allen Brooks, 마빈 민스키와 같은 인공지능 연구자들이 명확하게 정립했다. 모라벡은 "컴퓨터에게 지능 테스트를 받게 하거나 보드게임의 일종인 체커를 플레이시키는 것보다 한 살 어린이 수준의 지각과 운동 스킬을 부여하는 편이 훨씬 어렵다. 어쩌면 불가능할 것이다."라고 말했다.

인공지능 연구의 일인자인 도쿄 대학교 마쓰오 유타카松尾豊 교수는 어린이가 성장하면서 말할 수 있게 되거나 물건을 잡아 움직일 수 있게 되는 것처럼 어린이가 활동과 경험으로 배워갈 법한 지적 활동을 전개하는 AI를 '어린이 AI'라고 했다.

이에 비해 사람이 빅데이터를 활용해 전문적인 지식으로 자세한 행동까지 설계하는 AI를 '어른 AI'라고 한다.

기술적 성숙을 이룬 '어른 AI'

'어른 AI'는 이전부터 데이터 분석과 장래 예측 분야에서 이용되고 있다. 구체적으로는 고객의 구매 이력 분석과 매장에서의 상품 수요 예측 등이 해당된다.

이러한 기술은 기업 내에 축적된 데이터를 모아 분석하고 경영 의사 결정을 돕기 위한 도구로써 오래전부터 활용되어 왔다. 최근에는 빅데이터 활용 붐으로 힘을 얻고 있으며, 기업 내의 데이터뿐만 아니라 기업 밖에 있는 데이터와 IoT처럼 다양한 기기로 얻을 수 있는 데이터를 활용해 도시 기능을 분석 대상으로 삼는 일도 가능해지고 있다. 이에 따라 취급하는 데이터의 양과 종류도 증가하는 추세에 있다.

이러한 분석과 예측 기술은 처음에는 점포의 판매 이력인 POS 데이터처럼 인간이 따라가기 어려운 대량의 데이터 처리를 목적으로 탄생했다. '어른 AI'가 대상으로 삼는 처리는 인간에게는 어렵지만 기계에게는 간단한 일이 주체가 된다.

최근 '어른 AI'는 기술 면에서 큰 진보를 이루고 있다. 지금까지 기업에서의 데이터 분석은 일반적으로 인간이 쉽게 할 수 없는 업무였다. 분석 방법에 관한 높은 전문성과 전용 툴을 다루는 데 정통한 데이터 사이언티스트라고 불리는 데이터 분석 전문가가 반드시 필요했다. 그러나 기술의 진보로 이러한 상황이 극적으로 변화하고 있다. '데이터 사이언티스트 없이'를 표명하는 새로운 분석 툴의 출현으로 분석 방법에 관한 지식이 없어도 숙련된 데이터 사이언티스트와 같은 분석이 가능해진 것이다.

대표적인 도구로 미국의 데이터로봇DataRobot이 있다. 데이터로봇은 데이터 분석에 이용되는 다종다양한 알고리즘을 가지고 있으며, 주어진 과제에 최적의 알고리즘을 자동으로 선택해 그 파라미터의 최적화를 실시한다.

물론 데이터 사이언스에 관한 식견이 전혀 없는 인재가 이러한 도구를 사용했을 경우, 분석 데이터가 편중되거나 취득 상황이 다른 데이터가 혼재되는 등 초보적인 실수를 할 가능성은 부정할 수 없다. 그러나 일정한 교육을 거친 후 이러한 툴을 사용하면 문턱이 높았던 데이터 분석의 저변이 틀림없이 넓어지게 될 것이다. 특히 데이터 사이언티스트 부족으로 고민하는 일본에게는 환영할 만한 도구의 출현이라고 할 수 있다.

이번 붐의 특징인 '어린이 AI'

'어른 AI'가 오래전부터 사용되었던 것과는 대조적으로 '어린이 AI'가 실용 레벨로 이용되기 시작한 것은 최근 몇 년간의 일이다. '어린이 AI'는 모라벡의 역설에서 시사된, 기존에 기계에게 맡기기 매우 어려웠던 작업을 실현하는 AI이다. 그리고 이번 AI 붐의 가장 큰 특징은 딥러닝 등 최첨단 기계학습의 기술로 '어린이 AI'가 실현되었다는 것이다.

기존에는 인간만이 할 수 있다고 여겼던 다양한 작업들을 서서히 '어린이 AI'로도 실현할 수 있게 되었다. 예를 들어 바둑으로 세계 챔피언을 격파한 AI와 카메라와 센서로 얻은 정보를 이용해 자동으로 운전하는 차, 2개의 다리로 돌아다니는 로봇, 스스로 실내의 지도 정보를 만들어 청소하는 로봇 등 이전에는 꿈같은 이야기였던 일들이 가능해지고 있다.

인간을 뛰어넘는 속도로 일을 치리하면서도 24시간 365일 쉬지 않고 일할 수 있어 피로로 인한 실수가 발생하지 않는다는 점에서도 인간보다 뛰어나다. 그러나 여전히 '빨래 개는 일'은 어려워하는 등 종합적으로는 아장아장 걷는 어린이와

어른 AI와 어린이 AI

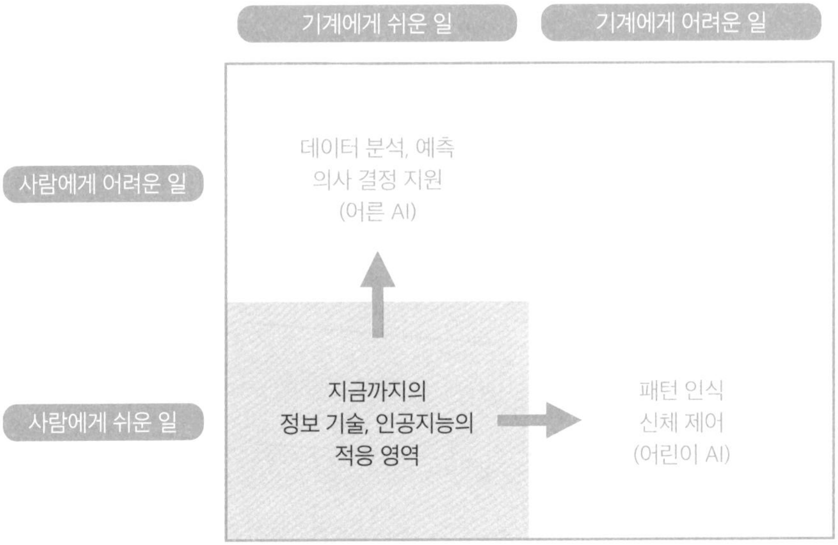

현재 기계에게 곤란한 일

기계는 빨래 개는 일이 어렵다

사람은 쉽게 빨래를 갠다

같다. 따라서 이후의 진보가 더 기대된다.

또한 새로운 기술에 대한 시도라는 점에서 '어른 AI'와 '어린이 AI'에 커다란 차이가 있다. '어른 AI'는 툴 벤더가 새로운 기술을 툴에 적용하기 때문에 사용자가 알지 못하는 사이에 최신 기술의 혜택을 받는다.

한편 '어린이 AI'의 기술 개발은 대학이나 기업 연구기관이 견인하고 있다. 최첨단 기술은 논문이라는 형태로 공개되어 누구든 볼 수 있다. 그러나 논문을 읽거나 스스로 딥러닝 플랫폼을 사용해 습득하는 기술이 없으면 혜택을 받을 수 없다. 이미지를 통한 물체의 식별과 기계 번역 등 일부 '어린이 AI'는 코모디티화[13] 되어 누구든 사용할 수 있게 되고 있다. 그러나 첨단 기술을 사용해 자사가 가진 과제를 해결하기 위해서는 전문가의 역할이 반드시 필요하다.

13 **코모디티화** 상품과 서비스가 일반화되어 차별화가 어려워지는 일.

COLUMN

얼굴 인식

얼굴 인식은 2017년 애플의 아이폰 X에 탑재되었으며, 이후 스마트폰과 연계된 서비스에서 널리 이용될 것으로 기대되는 기능이다. 얼굴 인식처럼 신체 일부를 인증용 아이덴티티(신분 확인)로 사용하는 시스템을 생체 인증이라고 한다. 생체 인증은 새로운 기술이 아니지만 대응하는 상황이나 디바이스가 한정되어 있었다. 그러나 스마트폰에 적용되기 시작하면서 패스워드를 대신하는 새로운 인증 기술로 널리 이용될 가능성이 커지고 있다.

아이폰 X에 탑재된 '페이스 아이디 **Face ID**'라는 얼굴 인식 기능은 적외선 조사 장치와 적외선 카메라를 사용한다. 이 기능은 트루뎁스 **TrueDepth** 카메라라고 불리며, 3만 포인트 이상을 사용해 얼굴의 입체적인 구조를 파악할 수 있다.

페이스 ID는 인증에 대한 상세한 알고리즘을 공개하지 않았지만 기계학습을 사용한 시스템을 채용하고 있다. 이로써 사용하면 할수록 인증 정밀도가 향상되는 기능을 실현했다. 얼굴의 특징을 추출할 때도 AI를 사용하고 있는데, 클라우드를 사용하지 않고 아이폰 X 내부에서 처리한다. 아울러 보안성을 높이기 위해 얼굴의 특징 정보는 외부에 반출하지 않으며 아이폰에 내장된 전용 칩 안에 암호화해 보존한다.

애플이 AI 기능을 아이폰 X 안에 적용할 수 있었던 것은 기술 혁신과 관계되어 있다. 자세한 내용은 88페이지의 'AI 디바이스' 부분에서 설명하겠지만 아이폰에는 A11 Bionic이라는 칩이 내장되어 있어 기계학습과 같은 처리를 빠르게 실행할 수 있다. 칩도 마찬가지로 휴대전화 제조사부터 반도체 제조사까지 다양한 기업이 연구 개발에 힘쓰고 있다. 이후에는 스마트폰 이외의 디바이스에도 탑재될 것이다.

인간의 뇌를 모방한다! AI의 기초 지식

최근 음성 인식이나 이미지 인식처럼 AI를 이용한 서비스 성능 향상은 딥러닝으로 대표되는 첨단 기계학습으로 이루어진 것이다. 이번 장에서는 기계학습에 관해 알아보고, AI에 의해 생성되는 최신 서비스 시스템을 소개할 것이다.

그 밖에도 센서나 로봇 등 관련 분야에 대한 AI의 영향과 앞으로의 모습에 대해서도 통찰해보고자 한다.

CHAPTER 2

현재 AI의 핵심 기술

2-1 기계학습

현재 AI 기술의 핵심이 되는 기계학습은 룰 베이스의 AI에 비해 적용 영역이 넓다는 특징이 있다. 고객의 수요를 예측해 상품을 추천하거나 점포에서 상품의 수요 예측을 하는 활용 등이 잘 알려져 있다.

기계학습이란?

기계학습은 예측과 분류 등의 업무를 수행하는 알고리즘과 모델을 학습 데이터로 구축하는 방법이다. 현재 AI 붐의 핵심 기술이며, 딥러닝도 기계학습의 일종이다. 기계학습의 방식은 크게 나누어 '지도 학습', '비지도 학습', '강화 학습'

기계학습의 방식

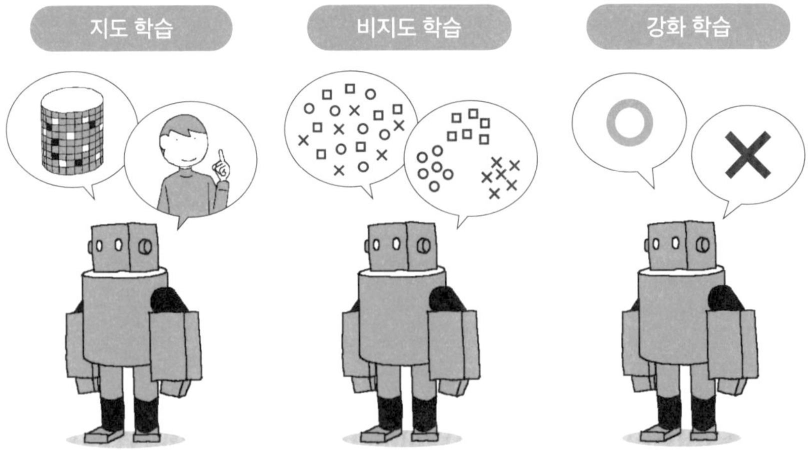

입력과 정답이 있는 '식별'과 '회귀'가 전형적인 업무

입력 데이터만의 클러스터링이 전형적인 업무

출력(행동)에 따른 정보를 최대화하도록 학습

의 세 종류가 있다.

지도 학습은 학습 데이터로서의 입력 내용과 그 정답이 주어진다. 지도 학습의 대표적인 업무는 '식별'과 '회귀'이다. 식별이란 이미지를 입력해 개와 고양이처럼 미리 정해진 몇 가지의 클래스로 정답을 분류하는 것이다. 또한 회귀는 기온을 입력해 아이스크림 판매량을 예측하는 것과 같은 업무를 말한다.

비지도 학습의 학습 데이터는 입력 데이터뿐이며 정답은 없다. 비지도 학습의 대표적인 업무로는 클러스터링이 있다. 클러스터링은 비슷한 특징을 가진 것을 같은 그룹으로 나누는 것이다. 예를 들어 고객을 나이와 성별, 소비 경향과 같은 속성에 따라 몇 가지 그룹으로 분류하는 처리가 해당된다.

강화 학습에서도 학습 데이터로 준비하는 것은 입력뿐이지만, 출력(행동)의 좋고 나쁨에 따른 보상이 주어진다. 그리고 미래에 얻을 수 있는 보상이 최대가 되도록 알고리즘과 모델을 최적화한다. 강화 학습은 로봇의 제어와 알파고로 대표

기계학습 업무 예시

식별

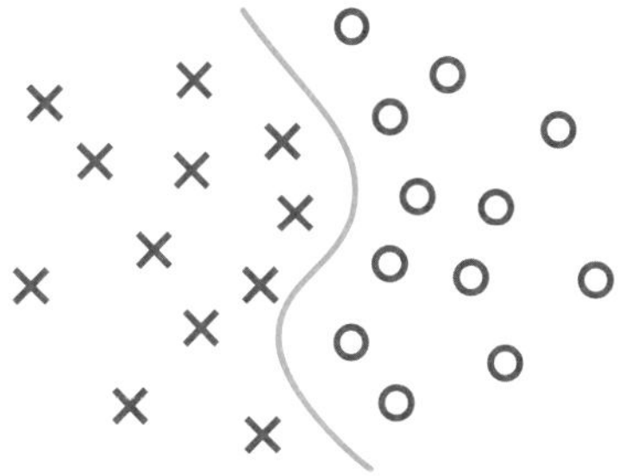

이미지를 입력해 몇 가지
클래스로 분류한다

클러스터링

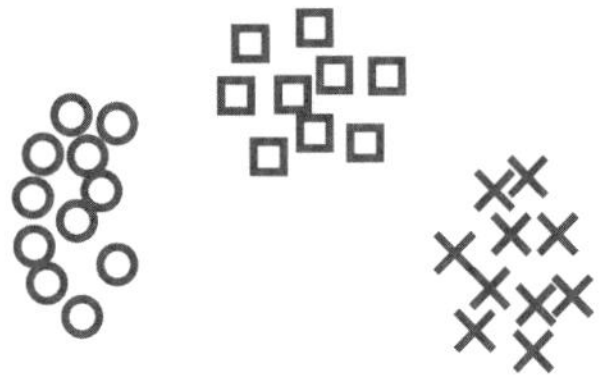

비슷한 특징을 가진 것들을
같은 그룹으로 나눈다

되는 게임에 이용된다.

기계학습의 실제

여기에서는 회귀 문제를 예로 들어 구체적인 기계학습 이미지를 소개할 것이다. 회귀 문제란 입력 데이터와 출력 데이터와의 관계를 나타내는 모델을 통계적인 방법으로 구축하는 업무이다.

예를 들어 기온과 아이스크림 판매량 사이에 다음 페이지 위 그림의 왼쪽과 같은 관계가 있다고 가정하자. 이와 같은 과거 판매 실적 데이터를 학습 데이터로 삼아 판매량과 기온 관계를 모델화하는 것이 회귀 문제이다.

실제 모델은 함수로 표현한다. 이번 사례에서는 다음 페이지 위 그림에서도 알 수 있듯이 기온이 높아지면 판매량이 증가하는 경향을 알 수 있다. 데이터가 직선상으로 올라가므로 가장 단순한 함수인 1차함수를 모델로 적용한다. 그림의 각 점은 지도 학습에서 필요한 학습 데이터로 대응한다. 각 학습 데이터는 과거 판매 실적으로 얻어진 판매량과 기온이다. 각각이 모델에 대한 입력과 정답에 해당한다.

모델 구축이란 학습 데이터와 오차가 적은 다음 페이지 위 그림의 오른쪽과 같은 직선을 추구하는 것을 의미한다. 모델로 채용한 1차함수는 $y=ax+b$라는 식으로 표현할 수 있다. 이 식에서 a는 직선의 기울기, b는 직선이 y축과 교차하는 점의 y값으로 y절편이라고 한다. 이 a와 b가 직선을 특징화하는 파라미터가 된다. 그러므로 직선을 구한다는 것은 직선의 파라미터 a를 구하는 것과 같다.

이 파라미터를 구하는 것이 기계학습 알고리즘의 역할이다. 학습 데이터 입력에 대한 모델의 출력과 정답의 오차가 적어지도록 모델 파라미터 a, b를 조정한다.(다음 페이지 아래 그림) 이 파라미터 조정 작업이 기계학습에서의 학습이라는

회귀 모델

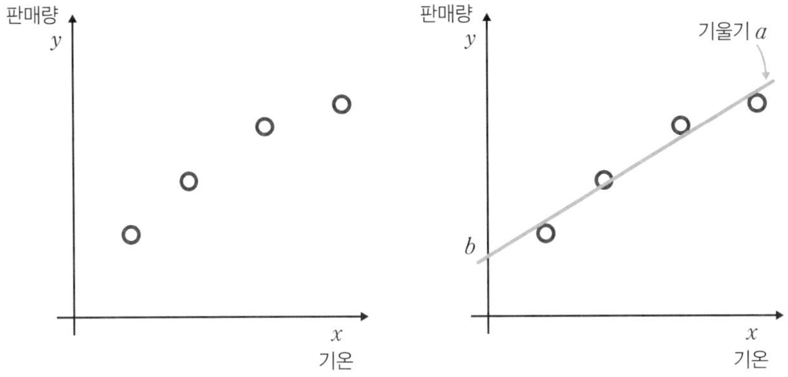

모델과 기계학습 알고리즘

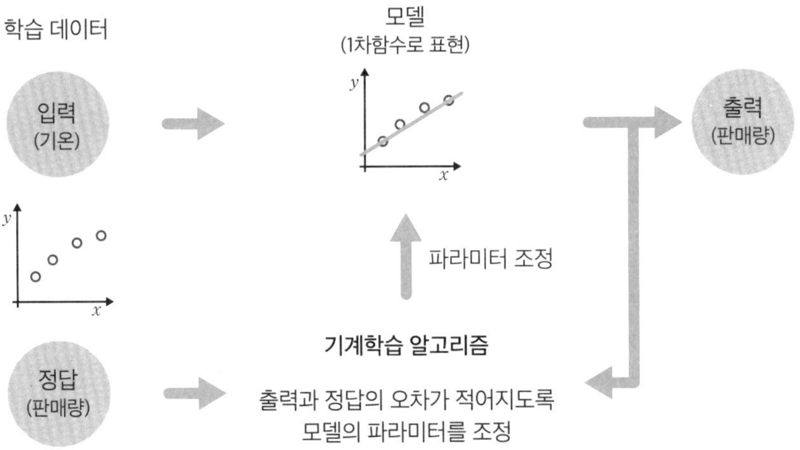

프로세스이다. 모델의 출력과 정답과의 오차가 충분히 적어지면 임의의 기온에 대한 판매량을 도출할 수 있다. 이처럼 모델을 이용해 미지의 입력에 대한 출력을 요구하는 일을 추론과 예측이라고 한다.

기계학습 활용 시 주의사항

기계학습은 매우 편리한 도구지만 이용할 때는 학습 데이터의 정비와 모델 선정 등 몇 가지 주의해야 할 사항이 있다. 여기에서는 데이터의 **바이어스(편중)**와 모델의 **오버피팅(과적합)**에 대해 설명해보고자 한다.

기계학습은 데이터에서 법칙을 발견하는 기술이다. 그러므로 모델을 구축할 때 제대로 된 학습 데이터를 정비하는 것이 중요하다. 그렇다면 제대로 된 학습 데이터라는 것은 무엇을 의미하는 것일까. 그 한 가지 지표가 학습 데이터의 분포이다.

예를 들어 다음 페이지 그림의 왼쪽처럼 예측하고 싶은 영역의 분포에서 학습 데이터의 분포가 괴리된 영역으로 편중된 것은 바람직하지 않다. 왜냐하면 학습 데이터에는 예측하고 싶은 영역을 모델화하기 위한 정보가 없기 때문이다. 일반적으로 학습 데이터와 예측하고 싶은 영역은 같은 분포여야 한다.

모델 구축 시 주의해야 할 점은 오버피팅이다. 모델에 사용할 함수는 복잡할수록 학습 데이터에 대한 오차가 적어지는 경향이 있다. 예를 들어 이전 회귀 모델에는 1차함수를 이용했지만 계절에 따라 변동하는 판매 예측은 1차함수로 구축하는 것이 불가능하다면, 주기적인 특징을 가진 삼각함수인 sin 함수를 이용해 오차를 작게 만들 수 있다.

그러나 함수를 너무 복잡하게 만들면 다음 페이지 그림의 오른쪽처럼 t_n과 같은 학습 데이터의 변칙적인 변동을 너무 추종한 나머지 범용화 성능이 저하될 수

기계학습 활용 시 주의사항

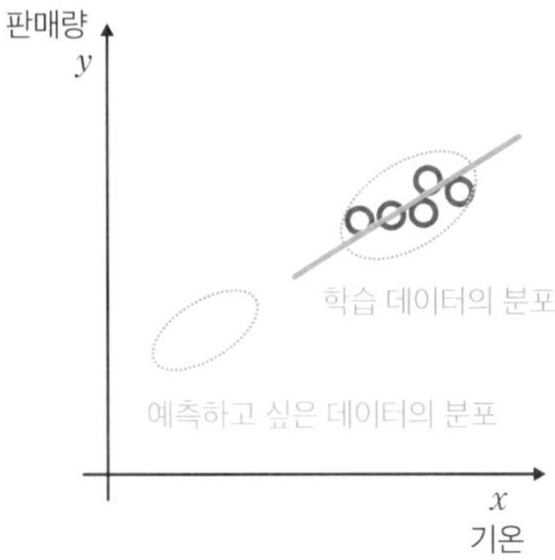

학습 데이터의 바이어스

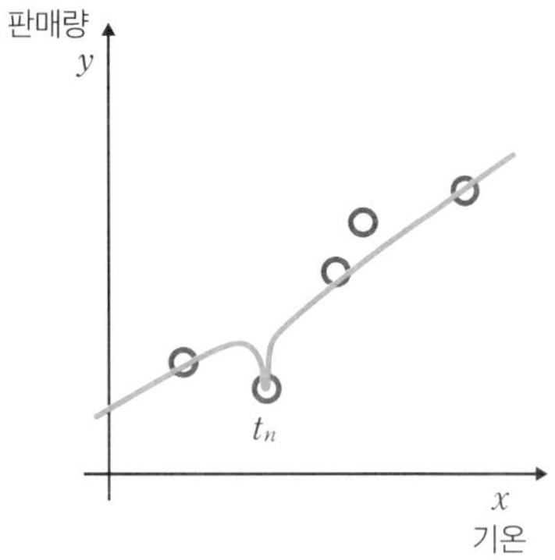

모델의 오버피팅

있다. 오버피팅에 따른 범용화 성능 저하를 피하기 위해서는 모델의 함수를 복잡하게 만들지 않는 방법과 모델이 작은 변화에 너무 민감하게 반응하지 않도록 파라미터의 크기를 제한하는 방법이 이용되고 있다.

2-2

AI의 인식력을 비약적으로 높인 기술

딥러닝

딥러닝은 기존 기계학습과 달리 학습에 필요한 특징을 스스로 추출할 수 있다. 이로써 기존 기계학습으로는 실현할 수 없었던 고성능 음성 인식과 이미지 인식을 사람의 손을 거치지 않고 실현했다.

딥러닝과 기존 기계학습의 차이

딥러닝은 기계학습의 일종이지만 기존 기계학습에 비해 크게 진보한 점이 있다. 예를 들어 기존 기계학습에서는 분류나 예측과 같은 업무를 실행하는 데 필요한 특징을 인간이 부여했다. 그러나 딥러닝은 데이터에서 특징을 스스로 추출할 수 있다.

인간은 물건을 식별할 때 특별히 의식하지 않고도 적절한 특징을 이용한다. 예를 들어 빨간 사과와 파란 사과를 식별하고 싶을 때는 색의 정보를 특징으로 사용한다. 그러나 딥러닝을 제외한 기존의 기계학습 기술에서는 이처럼 식별에 이용해야 할 특징을 스스로 추출할 수 없었다. 따라서 색 정보를 특징으로 이용하도록 인간이 지시해야 했다.

이것은 AI에게 복잡한 대상을 인식시킬 때 방해물이 되었다. 예를 들어 인간의 얼굴을 인식시키려면 '눈'이나 '입' 형상의 미묘한 차이를 AI가 이해할 수 있는 형식으로 인간이 미리 가르쳐야 했다. 복잡한 업무에서는 AI에 적절한 특징을 가르치는 것 자체가 어려운 일이 되기도 했다. 이러한 이유로 기존의 기계학습에서는 인식률이 한계점에 달하거나 실용적인 성능을 실현할 수 없는 사례가 많았다.

딥러닝의 경우, 인식 등 업무 실행에 필요한 특징을 AI가 대량의 데이터에서

기존 기계학습과 딥러닝의 차이

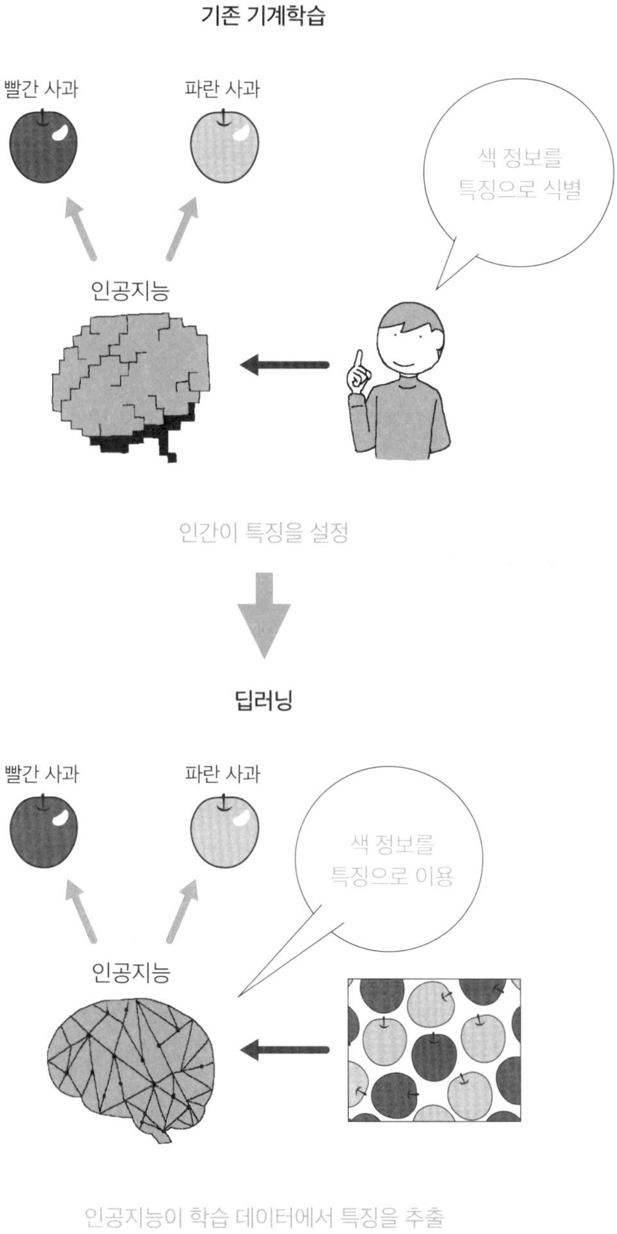

자동으로 추출한다. 인간이 주목해야 할 특징을 정해줄 필요가 없으며 학습 데이터만 준비하면 AI가 데이터를 학습하는 과정에서 특징을 찾아내는 것이다.

이처럼 데이터로 특징을 학습하는 시스템을 '표현학습'이라고 한다. 표현학습을 사용하는 딥러닝의 출현으로 기존의 기계학습이 부딪혔던 한계를 뛰어넘을 수 있게 되었다.

딥러닝의 시스템

그렇다면 딥러닝의 기본적인 시스템을 수기 글자를 인식하는 사례를 통해 살펴보자. 딥러닝의 구성 요소는 1장에서 소개한 인간의 뇌신경 회로의 구조를 모방(모델화)한 정보 처리 시스템인 '인공 뉴런'이다. 딥러닝에서 '딥'이라는 것은 뉴럴 네트워크를 구성하는 층의 숫자가 많다는 것을 의미한다.

다음 페이지 그림에서 뉴럴 네트워크는 '입력층', '은닉층', '출력층'과 같이 3층으로 구성되어 있지만 최근에는 인식 정밀도를 높이기 위해 100층이 넘는 뉴럴 네트워크를 구축하는 일도 종종 찾아볼 수 있다.

딥러닝은 기계학습의 일종이므로 지도 학습의 경우, 지도 데이터가 포함된 학습 데이터를 준비한다. 이 경우에는 입력 데이터가 되는 수기 이미지 데이터와 기대되는 인식 결과를 지도 데이터로 삼은 것이 학습 데이터가 된다.

이 뉴럴 네트워크 모델을 학습시키려면 먼저 수기 이미지 데이터를 픽셀 단위로 분할해 각 픽셀값을 입력층에 입력한다. 그림에서는 세로 28픽셀×가로 28픽셀의 이미지를 입력하기 위해 합계 784개의 '인공 뉴런'을 입력층에 준비하고 각 픽셀 데이터를 입력한다.

입력 데이터를 받은 입력층은 받은 값에 '가중치'를 부여한 뒤, 다음 단계에 있는 은닉층 뉴런에게 전달한다. 이것은 1장에서 소개한 '인공 뉴런'의 동작 그 자

딥러닝(심층학습)의 동작

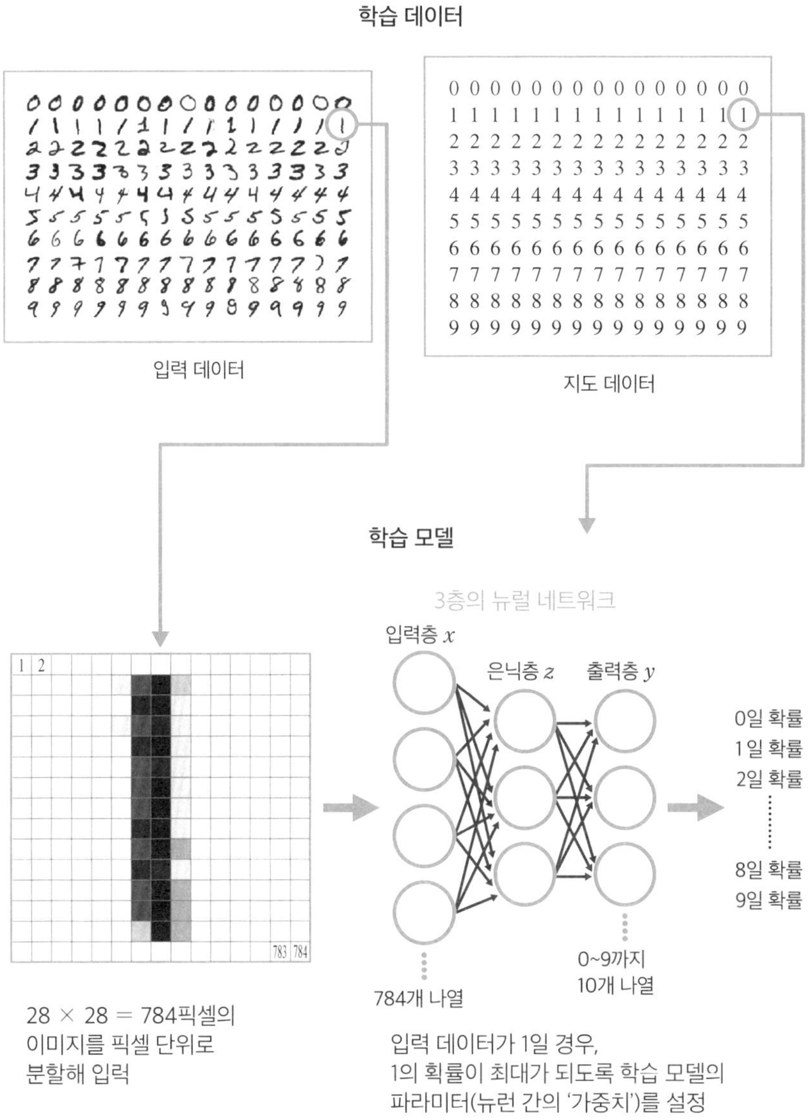

'입력 데이터(수기 문자의 화소 데이터)'와 '훈련 데이터' 쌍을
'학습 데이터'로 사용하고, 학습 모델을 트레이닝

체이다.

마찬가지로 은닉층의 각 뉴런은 각 입력층에게 받은 '가중된 값'을 더하고, 그 결과에 '가중치'를 부여한 뒤 다음 단계의 뉴런에게 전달한다. 그림의 모델은 3층 네트워크이기 때문에 은닉층의 다음 단계인 뉴런은 출력층이 된다. 출력층 뉴런은 문자 인식 결과를 출력한다.

딥러닝을 통한 학습은 다른 기계학습과 마찬가지로 출력층의 값과 각 입력 데이터에 대한 정답 데이터가 같아지도록 내부 파라미터를 조정한다. 딥러닝의 경우, 각 뉴런의 입력에 대해 적절한 '가중치'를 산출하는 것이 파라미터 조정에 해당한다. 딥러닝에서는 이 '가중치'의 산출 알고리즘으로 정답 데이터와 오차를 출력층에서 역방향으로 전파해 산출하는 **'오차 역전파법'**을 사용한다. '가중치'의 초깃값은 난수나 오토인코더에 의한 값으로 설정되지만, 그 후에 '오차 역전파법'을 사용해 조금씩 적절한 값을 향해 갱신된다.

인식 정밀도를 높이기 위해서는 대량의 학습 데이터에 '가중치' 값을 조정한다. 어떤 입력 데이터에 대해서든 출력층 값과 정답 데이터 값의 차이가 작아지도록 '가중치'를 조정하고, 성능이 뛰어난 학습완료 모델을 만들어내는 것이다.

딥러닝의 적용 영역

딥러닝의 특성에 대한 이해를 심화시키기 위해 현재 이용되고 있는 AI 요소기술의 적용 영역과 개발·운용 비용을 조정한 내용을 다음 페이지 그림에 나타냈다.

룰 베이스 AI는 인간이 전문가의 지식을 규칙으로 기술해 AI를 실현하고자 한 것이다. 이 기술은 지난번 AI 붐 때 엑스퍼트 시스템을 구축하기 위해 이용되었던 기술이지만, 룰 구축에 비용과 수고가 들기 때문에 널리 보급되지 않았다.

● AI 관련 기술과 적용 영역/개발·운용 비용

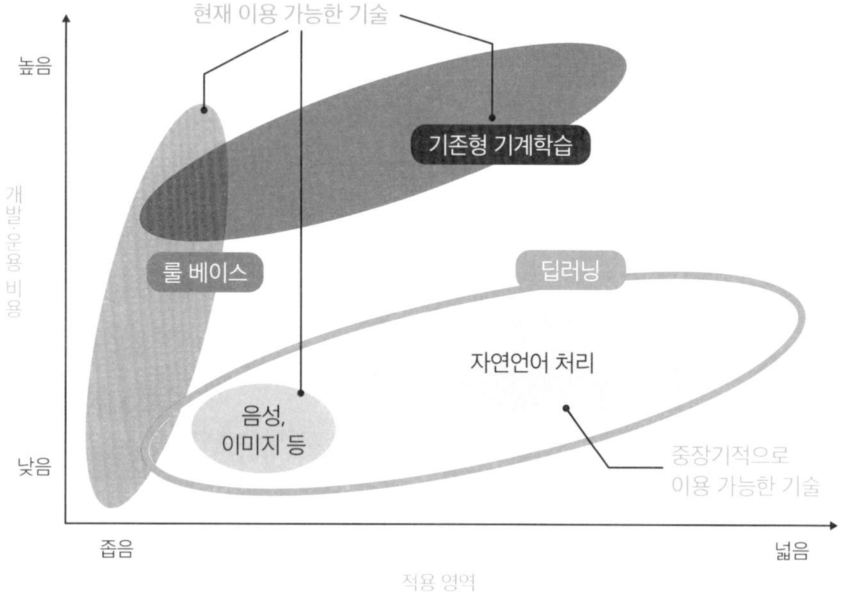

딥러닝 탄생 이전에 만들어졌던 기존형 기계학습은 현재도 많은 분야에서 활용되고 있다. 룰 베이스 AI와 비교하면 적용 영역이 넓기는 하지만 특징 설계에 일손이 필요하므로 업무에 따라서는 개발·운용 비용이 커진다는 단점이 있다.

딥러닝은 이러한 기존 기계학습의 결점을 극복하고 있으며, 음성 인식과 이미지 인식 분야에서 좋은 성과를 거두고 있다. 그러나 자연언어 처리는 음성 인식, 이미지 인식과 상황이 다르다. 애플의 시리Siri처럼 일문일답 형식의 단순한 대화나 기계 번역 등에서는 딥러닝 처리가 실용 레벨에 이르렀지만, 복잡한 대화를 실현하기까지는 아직 많은 과제가 남아 있다. 따라서 지금까지는 딥러닝 적용이 어려운 대화 시스템에 룰 베이스의 AI가 이용되고 있다.

음성으로 텍스트를 생성하는 시스템

2-3 음성 인식

음성 인식은 최근 스마트폰에 탑재되며 급속히 보급된 기능 중 하나이다. 이제는 애플의 시리를 비롯해 아마존의 알렉사(Alexa) 등 스마트 어시스턴트 조작에는 없어선 안 될 인터페이스가 되었다.

음성 인식이란?

음성 인식은 일반적으로 컴퓨터를 사용해 음성으로 텍스트를 생성하는 기술이다. 키보드를 대신하는 입력 수단으로, 음성을 컴퓨터가 다루기 쉬운 데이터로 변환한다. 음성 인식의 역사는 전화 기술 개발로도 유명한 벨 연구소가 1952년에 숫자를 대상으로 한 음성 인식 장치를 개발한 것에서 유래되었다.

그 후에도 1970년대부터 미국의 ARPA Advanced Research Projects Agency: 국방 첨단과학기술 연구소와 ARPA가 이름을 바꾼 DARPA Defense Advanced Research Projects Agency에서 연구 개발이 이루어지는 등 현재까지 이어지고 있다.

음성 인식의 이용 확대–스마트 스피커의 등장

스마트폰에 이어 주목을 받고 있는 디바이스로 아마존과 구글, 라인LINE 등이 참여한 스마트 스피커가 있다. 사용자와 대화를 통해 음악 전송 서비스를 하고, 날씨와 교통 정보 등 다양한 서비스를 제공한다. 스마트 스피커의 진가는 음성 인식으로 얻은 텍스트에서 대화자의 명령을 추출하고 지시를 충실히 수행하는 스마트 어시스턴트라는 서비스에 있다. 사용자와 함께하면서 생활을 지원하는 집사와 같은 역할이다.

구글의 스마트 스피커 Google Home

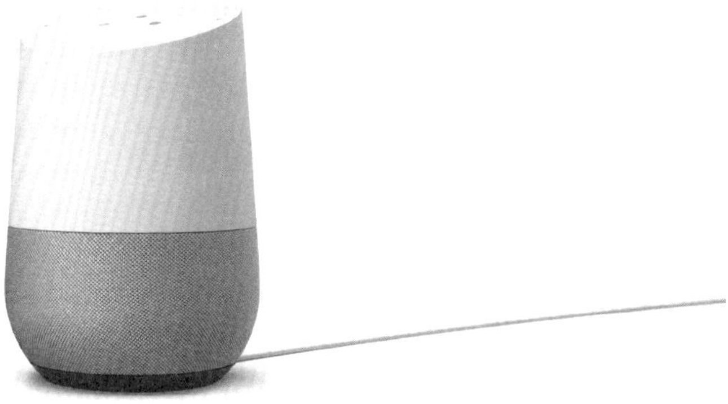

구글 홈은 구글 LCC의 상표

스마트 어시스턴트는 클라우드 서비스로 구축되어, API[1]를 통해 언제든지 사용자의 요구를 받아들일 수 있게 되어 있다. 여기에서 활약하는 기능 중 하나가 음성 인식이다. 다만, 음성 인식은 사용자가 언어를 발신해 텍스트를 생성하는 것까지의 기능이며, 텍스트에서 의도를 추출해 목적에 응하는 작업을 시행하는 부분은 포함되어 있지 않다.

이러한 기능에는 자연언어 처리라고 불리는 기능이 활용된다. 자연언어 처리란 우리의 일상 대화 같은 구어부터 논문처럼 지면에 서술된 언어까지를 포함하는 자연문을 대상으로 하며, 언어나 문장이 가진 의미를 다루는 기술을 가리킨다.

아마존과 구글 등은 자사의 스마트 어시스턴트 API를 서드 파티에도 공개해 다른 회사가 서비스를 개발할 수 있는 플랫폼으로 삼고 있다. 또한 자사 디바이

1 API Application Programming Interface의 약자. 서비스 공급자가 준비한 방식에 따라 프로그램을 호출해 이용하는 것.

스에 한하지 않고 TV나 냉장고 등 타사 가전제품에서도 시스템이 기능하도록 했다. 스마트폰 애플리케이션이 폭발적으로 늘어난 것처럼 이후에는 음성으로 조작할 수 있으며 편리한 기능을 갖춘 스마트폰이 우리와 더욱 가까워질 것이라고 생각한다. 아마존이나 구글 등의 플랫포머는 웹이나 스마트폰으로 이어지는 고객과의 접점을 노리고 있으며, 이를 이용하는 서드 파티[2]는 새로운 비즈니스 기회를 개척해나가는 장으로서 크게 기대되고 있다.

음성 인식 시스템

일반적인 음성 인식 시스템은 언어가 가진 소리의 특징을 모델화한 **음향 모델**과 단어의 어순 등 문법적인 특징과 문장의 의미적 특징을 모델화한 **언어 모델**[3]이 주요 기능이 된다.

이를 보조하기 위해 입력된 음성 데이터를 음향 모델로 간편하게 취급할 수 있도록 교환하는 음성 특징량 추출(음향 분석)과 음향 모델(소리)과 언어 모델(단어)을 잇는 역할로써 발음 사전이 활용된다. 음성 인식도 예외 없이 딥러닝의 활용이 진행되고 있다. 음향 모델에서 처음으로 그 효과가 인정되었다.

사람이 분석·설계한 모델 대신, 대량의 음성 데이터로 분류에 필요한 특징을 컴퓨터가 설계한 딥러닝 모델이 사용되게 되었다. 특히 잡음이 있는 환경에서도 높은 인식 정밀도를 자랑하기 때문에 야외에서도 많이 이용하는 스마트폰의 음성 인식 서비스에 도입되고 있다.

2 **서드 파티** 특정 기업이 개발하는 제품에 제삼자로서 관련성이 있는 제품을 개발하는 기업.

3 **언어 모델** 음성 인식 이외에도 일본어의 가나, 한자 변환 엔진과 문자 인식 정밀도 향상 등 폭넓은 용도로 활용할 수 있는 기술.

언어 모델에는 오랫동안 n-gram[4]을 사용해 연속하는 몇 개의 단어 정렬을 통계적인 방법으로 모델화한 것이 사용됐지만 딥러닝으로 단어의 어순을 예측하는 방법이 사용되기 시작했다. 자세한 내용은 235페이지에서 설명하겠지만 딥러닝을 통한 방법에서는 단어의 개수에 한정되지 않고 입력된 문장의 특징을 바탕으로 어순을 예측해 예측 정밀도를 높일 수 있다.

End-To-End 모델의 등장

최신 음성 인식 연구에서는 음향 모델과 언어 모델의 두 가지로 나뉘어 있던 것을 하나의 뉴럴 네트워크 모델로 갖추었다. 이처럼 복잡한 모델로 나뉘었던 처리를 하나의 모델로 통합한 것을 End-To-End라고 한다.

딥러닝은 필터링이나 변환 등 이전에는 사람의 손을 통해 장인의 솜씨로 조정되던 기능을 조금씩 대체하며 효과를 증명해왔다. 딥러닝의 적용은 계속 확대되어 다른 기능을 내부에 포함한 모델로 진화하고 있다.

실용화라는 관점으로 살펴보자면, 표음문자[5]인 알파벳을 이용하는 영어에서는 이미 End-To-End의 모델이 이용되기 시작하고 있다. 한자 등 여러 문자로 이루어진 일본어는 표의문자[6]에 속하며 영어와 비교해 End-To-End 모델을 학습시키는 것이 어려운 언어지만 목표로 하는 방향에는 차이가 없다.

4 **n-gram** 문자열이나 문장을 n개의 연속된 문자로 분할하는 방법. n=2이면 바이그램, n=3이면 트라이그램이라고 부른다.

5 **표음문자** 문자 하나하나에 의미가 있지 않으며 소리만을 나타내는 문자 체계.

6 **표의문자** 각 문자에 일정한 의미가 있는 문자 체계.

음성 인식의 구성 사례

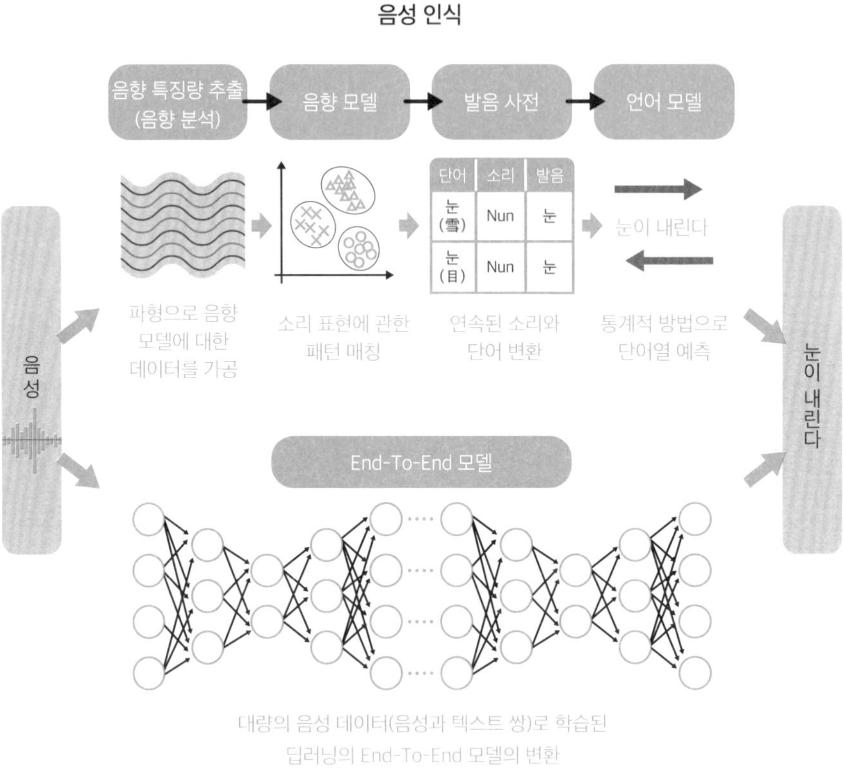

음성 인식 서비스와 관련된 기술의 파악과 미래

음성 인식은 스마트폰과 스마트 스피커를 통해 언제든지 이용할 수 있는 친근한 서비스 중 하나가 되었다. 그 배경에는 급속한 음성 인식 기술의 진화뿐만 아니라 구글과 아마존 등이 제공하는 음성 인식 서비스의 등장이 있었다. 음성 인식을 취급하는 각 회사의 서비스를 비교할 때 핵심은 다음 세 가지이다.

첫 번째로 서비스를 이용하는 상황을 고려해야 한다. 음성 인식은 사람과의 인터페이스가 되는 서비스이기 때문에 응답 시간이 중요하다. 입력한 뒤 10초 뒤에 응답한다면 아무리 정밀도가 뛰어나도 실용적인 서비스가 될 수 없다.

두 번째로 딥러닝 등으로 인식 정밀도가 향상되었다고 해도 사전에 학습하지 않은 단어는 올바르게 인식하기가 쉽지 않다. 예를 들어 기업 특유의 제품명이나 돌려 말하기는 일반적으로 유통되는 음성 인식 서비스의 데이터에 포함되어 있지 않다. 그러므로 이용하는 서비스나 제품이 용어 추가에 대응하고 있는지도 파악할 필요가 있다.

세 번째로 음성 인식의 정밀도를 높이기 위해서는 입력 장치인 마이크도 무시할 수 없다. 지향성 마이크 등을 사용해 음성을 파악하는 대상을 좁히고, 마이크를 여러 대 사용해 입력된 음성의 타이밍 차이로 음원 위치를 특정해 잡음을 제거하는 등 인식률을 향상시키려면 기존 기술을 잘 활용해야 한다. 실제로 아마존이 개발한 스마트 스피커인 에코Echo가 대화자가 몇 미터 떨어진 곳에서 말하거나 걸어가는 상황에서도 음성 인식을 정밀하게 실현할 수 있는 이유는 소프트웨어와 함께 내장된 마이크의 활용 때문이라고 한다.

에코의 상급 기종에는 대화자의 방향에 맞추어 불이 켜지고, 대화자의 음성을 파악하고 있는지를 나타내는 기능이 있어, 에코가 자신의 음성을 인식하고 있는지 확인할 수 있다. 이처럼 음성 인식 서비스에서는 소프트웨어 기술과 함께 하드웨어인 마이크 설계가 매우 중요한 역할을 한다.

이전의 음성 인식은 대화자를 선택해야 하며 잡음이 적은 장소가 아니면 정확하게 인식할 수 없는, 문자 그대로 '상황을 선택하는' 기술이었다. 그러나 딥러닝의 등장으로 기술이 혁신되고 스마트폰 등의 기기로 음성 데이터를 쉽게 수집하는 시스템이 갖추어져 장소를 불문하고 이용할 수 있는 기술이 되었다. 대응하는 디바이스도 스마트 스피커를 시작으로 해 계속 증가하고 있다. 사용자가 이용하는 인터페이스로서의 중요성은 분명 점점 높아져 갈 것이다.

이미지를 인식하고 이해하는 기술

2-4 이미지 인식

딥러닝은 이미지 인식 분야에서 처음 적용되었다. 이미지 인식이란 인간의 시각 기능과 마찬가지로 정지 이미지나 동영상으로 그 내용을 이해하는 처리이며, 자동운전을 실현하기 위한 핵심 기술 중 하나이다.

인간을 뛰어넘은 물체 인식 능력

딥러닝의 적용 영역으로 현재 가장 주목받고 있는 것이 이미지 인식이다. 계기가 된 것은 2012년에 열린 'ILSVRC ImageNet large scale visual recognition challenge'라는 이미지 인식 콘테스트였다. 딥러닝 연구의 선구자인 토론토 대학의 힌턴 교수가 딥러닝을 활용해 약 27%의 오류가 발생했던 기존 이미지 인식률에 비해 10% 이상 크게 향상된 인식률을 보이며 우승했다.

ILSVRC의 결과는 그 후에도 계속 향상되어 2012년에는 16%였던 에러율이 2015년에는 5% 이하로 낮아졌다.

ILSVRC에서는 인간이 업무에서 오류를 일으키는 에러율을 약 5.1%로 상정하고 있다. 정지 화상의 이미지 분류 같은 단순 업무에서는 이미 딥러닝이 인간보다 더 뛰어난 인식률을 실현하고 있다고 할 수 있다.(다음 페이지 그림)

최근에는 이처럼 단순한 업무가 아닌 물체의 영역을 화소 레벨로 분류하는 세그먼테이션과 동영상 처리 분야의 연구 개발이 진행되고 있다.

이미지 처리에서의 딥러닝의 적용은 공업 제품의 검사와 자율주행차의 개발 등 제조업에서의 활용이 기대되고 있다. 이에 따라 로봇 제조업체나 자동차 제조업체 등의 투자도 활발히 이루어지고 있다.

ILSVRC에서 나타난 이미지 인식 에러율 추이

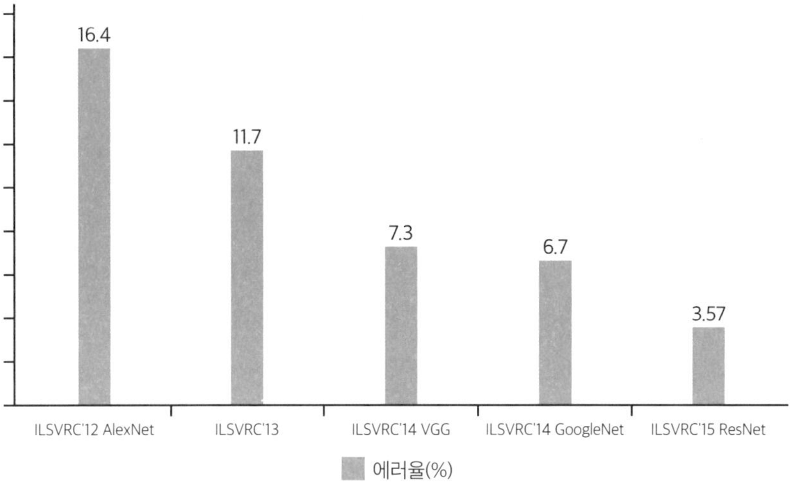

현재 딥러닝은 공업 제품의 검사, 이미지를 활용한 상품 검색, 감시 업무와 점포의 고객 속성 및 행동 분석 등에 이용되고 있다. 일본에서도 큐피 Kewpie Corp.,(일본의 식품 관련 회사-옮긴이)가 변색된 감자를 이미지로 검출함으로써 불량을 골라내는 시스템을 도입하고 있다.

욜로YOLO를 활용한 물체 검출

초기 딥러닝을 활용한 이미지 인식에서는 이미지 분류라고 불리는 처리가 주로 이용되었다. 이미지 분류란 어떤 이미지가 사전에 주어진 카테고리 중 어떤 카테고리에 속할지를 식별하는 처리이다.

예를 들어 이미지를 보고 개 이미지인지 고양이 이미지인지를 판단하거나 공업 제품의 양품과 불량품을 판별하는 등의 처리이다. 이미지 분류의 처리는 현재도 잘 이용되고 있지만 더욱 뛰어난 이미지 인식이 필요한 분야이기도 하다.

자동운전을 실현하는 데 빼놓을 수 없는 처리도 물체 검출이다. 물체 검출에서는 이미지 상에 존재하는 대상물을 분류함과 동시에 그 위치를 인지한다. 예를 들어 자동운전을 실현하려면 카메라로 얻은 이미지에 보행자나 차가 투영되어 있는지를 인식할 뿐만 아니라 인식과 동시에 대상물 각각의 위치를 산출해야 한다. 핸들과 브레이크 조작을 결정하려면 대상물 각각의 위치를 반드시 인식해야 하기 때문이다.

딥러닝이 실용화되면서 물체 검출 업무에 딥러닝을 적용하는 연구가 이루어졌다. 초기 처리에서는 어느 정도 정해진 창 크기의 영역에서 이미지 전체를 스캔하고 대상물의 영역을 탐색한 뒤, 그 영역에 대해 이미지를 분류했다. 그러나 이러

욜로의 물체 검출 사례

출처: https://pjreddie.com/darknet/yolo/

한 처리는 창 크기를 바꾸면서 몇 번이나 이미지를 스캔해야 하므로 처리 시간이 길어진다는 단점이 있었다. 그러므로 자동운전처럼 실시간으로 처리가 필요한 이용 상황에서는 사용할 수 없었다.

처리 속도의 문제를 해결하기 위해 2015~2016년에 Fast R-CNN이나 욜로 YOLO: You Only Look Once와 같은 알고리즘이 개발되었다. 그중에서도 욜로는 그 이름대로 이미지를 한 번만 스캔해도 대상물의 위치 검출과 분류를 실행해 처리 시간을 단축했다.(왼쪽 그림)

최근에는 욜로의 개량판이 개발되었는데, 자동운전을 실현하기에 충분한 처리 속도를 갖추고 있다.

자연언어 처리와의 융합으로 캡션 생성

이미지 내용을 설명하는 자연언어를 생성하는 것을 이미지 캡션 생성이라고 한다. 이미지 캡션을 생성하기 위한 일반적인 뉴럴 네트워크의 구성을 다음 페이지에 그림으로 나타냈다.

보통 이전 단계에 CNN Convolutional Neural Network이라는 이미지 인식용 뉴럴 네트워크를 이용해 이미지의 특징을 추출한다. 그리고 그 후에 RNN Recurrent Neural Network이라는 자연언어 처리에 이용되는 뉴럴 네트워크에 접속해 캡션을 생성한다. 이처럼 이미지 캡션 생성을 이용해 마이크로소프트는 시각 장애를 가진 사람들을 위한 지원 시스템을 개발했다. 또한 소셜 네트워크의 서비스 사업자는 캡션 생성 시스템을 활용해 사용자가 사이트에 업로드한 이미지를 언어화하고, 행동을 분석하고 있다.

이미지 캡션 생성 기술은 일정한 성과를 내고 있지만 아직 완벽하지는 않다. 예를 들어 토론토 대학의 산자 피들러 Sanja Fidler 조교수가 발표한 논문에서는 캡션

자연언어 처리와의 융합으로 캡션 생성

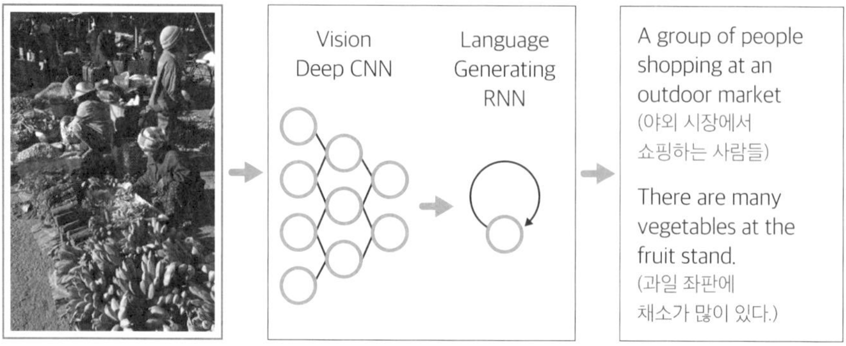

출처: CVPR2015 'Show and Tell: A Neural Image Caption Generator'
Oriol Vinyals(Google) 등을 바탕으로 작성, 번역은 필자가 진행

의 생성을 위해 MLE Maximum likelihood model, RLB Reinforcement learning baseline model, RLF Reinforcement learning with human-provided feedback model 라는 세 가지 방법을 실시해 비교하고 있다.(다음 페이지 그림)

가장 정답에 가까운 것은 두 번째인 RLB가 만든 캡션이며, 세 번째인 RLF의 캡션은 사람이 입으로 원반을 물려고 한다는 설명이 생성되고 말았다. 이것은 알고리즘의 문제도 있지만 학습에 이용한 데이터의 편중도 이러한 캡션이 생성된 요인이라고 생각한다. 현재 이미지 캡션 생성 연구에 잘 사용되는 마이크로소프트의 학습 데이터에서는 개가 입으로 원반을 잡는 이미지가 많아서 이와 같은 캡션이 생성되어버린 것이다.

이러한 점으로 알 수 있듯이 딥러닝으로 대표되는 현재의 기계학습 기술은 AI가 인간처럼 이미지를 이해해 상황의 캡션을 생성하는 것이 아닌, 학습한 데이터를 흉내 내어 캡션을 생성한다는 한계가 있다. 그러므로 캡션 생성의 품질을 높이기 위해서는 반드시 질 높은 학습 데이터를 대량으로 준비해야 한다. 또한 정지된 이미지로는 올바른 상황을 이해할 수 없을 때도 있다. 예를 들어 인간이 공중에

이미지 캡션 생성

이미지

출력된 문장

MLE: (a man) (is jumping) (into the air to) (catch a frisbee.)
(남자는 원반을 잡기 위해 공중에 뛰어들고 있다.)

RLB: (a man) (is throwing a frisbee) (in a park.)
(남자는 공원에서 원반을 던지고 있다.)

RLF: (a man) (is holding a frisbee) (in his mouth.)
(남자는 원반을 입에 물려고 하고 있다.)

출처: Teaching Machines to Describe Images via Natural Language Feedback
(ArXiv: 1706.00130v2) Huan Ling, Sanja Fidler를 바탕으로 작성, 번역은 필자가 진행

떠 있는 이미지를 한 장 보는 것만으로는 점프하고 있는 건지, 낙하하고 있는 건지 판단할 수 없다. 이처럼 상황에 맞는 올바른 캡션을 생성하기 위해서는 동영상처럼 복수의 시계열 이미지를 처리해야 하므로 더 많은 연구가 필요하다.

2-5

문장과 대화를 처리하는 기술

자연언어 처리

인간의 대화 등에 이용되는 언어에 대한 처리를 자연언어 처리라고 한다. 자연언어 처리에는 기계 번역과 문장 요약 등 다양한 업무가 있으며, 아마존의 알렉사 등 스마트 어시스턴트에서의 활용이 확대되고 있다.

자연언어 처리는 진화 중

딥러닝으로 음성과 이미지는 인간과 같은 인식이 가능해졌다. 그러나 자연언어 처리는 음성 인식과 이미지 인식만큼 기술이 숙성되어 있지 않다.

최근에는 챗봇처럼 인간과 대화하면서 대답하는 시스템이 있지만 이것은 이용하는 상황을 한정해 실현하고 있다. 대화의 내용을 사전에 예상하고 사람의 손으로 대화의 규칙을 만들어내는 것에 지나지 않는다. 안타깝지만 현재의 기술로는 AI가 사람의 대화를 이해해 응답할 수 없다.

딥러닝의 자연언어 처리에 대한 적용은 꾸준히 늘어나고 있으며, 기계 번역 등 눈부신 성능 향상을 보이는 분야도 있다. 그러나 접객 등의 상황에서 사람처럼 대화하는 처리는 어려우며, 현재도 더 새로운 알고리즘이 고안되어 연구가 계속되고 있다.

지금까지의 단어 표현

자연언어를 계산기로 처리하기 위해서는 글을 구성하는 기본 단위인 단어를 수치 데이터로 만들어야 한다. 기존에는 특정 단어를 수치 데이터로 표현할 경우, 사전에 있는 단어 하나하나에 인덱스를 할당해 수십만~수백만 차원을 가진 'one-hot 표현' 형식의 벡터를 사용했다.

'one-hot 표현'으로 단어를 표현하는 경우, 임의의 단어에 상당하는 인덱스 요소값을 1로 설정하고, 기타 단어에 상당하는 인덱스 값을 0으로 설정한다. 이때 각 단어에 할당하는 인덱스는 단어가 가진 의미와 관계없이 결정한다. 그러므로 벡터 값으로는 단어 간의 의미에 공통되는 점이 있는지를 판별할 수 없다. 예를 들어 개, 고양이, 코끼리와 같은 동물을 의미하는 단어가 있는 경우 벡터 값을 보기만 해서는 동물이라는 공통된 단어의 의미를 찾아낼 수 없었던 것이다.

단어의 분산 표현

현재 이용되고 있는 **분산 표현**이라는 방법은 단어를 200~300차원 정도로 작은 차원의 벡터로 표현하며, 각 요소에 분산되어 값을 부여한다. 각 요소는 어떠한 의미를 가지고 있다. 예를 들어 벡터에는 '동물다움' 같은 의미가 있는 요소가 있다.

분산 표현의 사고방식 자체는 기존부터 존재해왔지만 적절한 분산 표현을 효율적으로 생성하는 방법이 없었기 때문에 이용하지 못했다. 그러나 2013년에 구글이 뉴럴 네트워크를 사용해 적절한 분산 표현을 고속으로 구축하는 방법을 고안한 뒤에는 상황이 크게 달라졌다. 구글이 그 방법인 **워드투벡**Word2vec이라는 오픈소스를 공개해 현재는 많은 자연언어 연구자가 분산 표현을 활용하게 되었다.

워드투벡을 이용한 분산 표현은 단어를 표현한 벡터 사이의 연산이 가능해진다는 메리트를 가지고 있다. 예를 들어 'King－man＋woman'이라는 연산을 하면 'Queen'의 분산 표현 값을 얻을 수 있다.(다음 페이지 그림) 이처럼 벡터로 산출된 값으로 단어와 그 의미를 추정할 수 있다.

워드투벡에서는 단어의 분산 표현을 획득해야 하므로 대량의 문서를 학습시

워드투벡에 따른 단어의 분산 표현

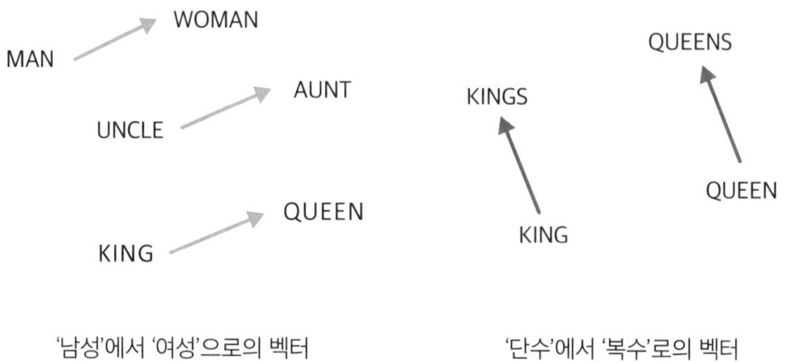

출처: Linguistic Regularities in Continuous Space Word Representations Tomas Mikolov, Wen-tau Yih, Geoffrey Zweig를 참고로 노무라 종합연구소 작성

켜야 한다. 그러므로 이용 상황에 따라서는 업계 전문 용어와 제품명 등을 포함한 문장을 대량으로 준비하기 어려운 경우도 많다.

그러나 최근에는 단어 간의 연관성 등을 기술한 WordNet[7] 같은 지식 베이스의 단어 정보를 워드투벡 등으로 만든 분산 표현에 적용하는 기술도 연구되고 있다. 이러한 기술이 단어와 문장의 분산 표현을 효율적으로 생성할 수 있게 되면 자연언어 처리 시스템의 개발 공정 수 삭감과 고정밀화에 도움이 될 수도 있다.

인코더, 디코더 모델에 따른 글의 처리

단어의 분산 표현 방법이 확립되면서 단어로 구성되는 문자와 문장에 대한 딥러닝의 적용도 큰 진보를 이루었다. 문자의 처리로 비교적 빠른 시기에 딥러닝

7 WordNet 프린스턴 대학 등이 중심이 되어 정비하고 있는 영어의 개념 사전.

을 적용한 것이 센티멘트 애널리시스(감정 분석)이다.

센티멘트 애널리시스란 문자로 작성자의 감정을 분석하는 기술이다. 이 기술은 상품과 서비스에 관해 SNS에 업로드된 문자와 설문 결과를 활용해 작성자의 감정을 '긍정적', '중립', '부정적'과 같은 패턴으로 분류하거나 뉴스와 경제 지표 리포트로 금융 상품의 상하 변동을 예측할 때 이용된다.

또한 문자의 자연언어 처리 중에서 최근 성능이 가장 향상된 것이 바로 기계 번역이다. 이미 서양 언어의 번역은 사람이 한 번역과 동등한 성능을 실현하고 있으며, 영어-일본어 간의 번역에도 실용 레벨에 가까워져 있다.

급속한 성능 향상의 배경에 있는 것이 딥러닝을 이용한 자연언어 처리이며, 인코더, 디코더 모델(아래 그림)에 대한 어텐션(주의) 기구의 추가가 상당히 많이 사용되고 있다. 예를 들어 영어-일본어 번역의 경우, 인코더로 일본어 입력문을 벡터화하고, 디코더로 그 벡터를 이용해 영문을 생성한다. 어텐션 기구는 디코드 시 특정 입력 단어와 그 주변 단어를 주목해 처리함으로써 정밀도를 향상시키고 있다.

인터넷 번역 서비스는 이전부터 구글과 마이크로소프트가 제공하고 있지만 최

인코더, 디코더 모델

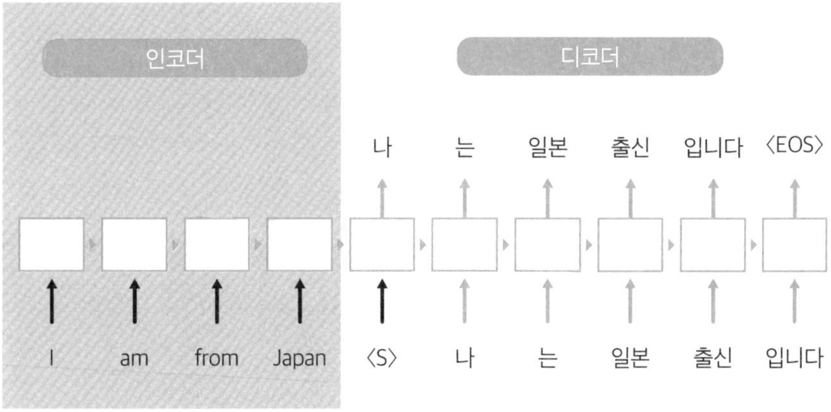

근에는 중국 인터넷 최대 검색엔진인 바이두가 여행객을 위한 번역 기능이 내장된 소형 디바이스를 개발하는 등 기계 번역의 제공 형태가 다양화되기 시작하고 있다. 이후 기계 번역 관련 시장은 지속적으로 성장할 것으로 예상된다.

과제가 많은 문장과 대화의 처리

딥러닝을 이용한 자연언어 처리 가운데 난이도가 높은 것으로는 문장이나 대화 등과 같은 긴 문장의 처리를 들 수 있다.

애플이 제공하는 음성 어시스턴트인 시리처럼 일문일답 형식의 질문 응답 시스템은 실현했지만 문맥을 이해한 대화 시스템을 딥러닝으로 실현하는 일은 아직 연구 단계이다. 또한 어떤 문장의 내용을 약관, 규약과 비교하고 내용이 합치하는지를 판단하는 것도 어려운 처리 중 하나이다. 이러한 처리는 함의관계 인식含意關係認識이라고 한다. 현재 함의관계를 판정하기 위한 문자와 문장을 벡터화해 유사도를 지표로 처리하는 방식 등이 채용되어 있지만 실용 레벨의 이용은 한정적이다.(다음 페이지 그림)

자연언어 처리는 이미지 인식과 음성 인식 등 다른 인식 기술과 조합해 더 나은 적용 영역으로 확산하고 있다. 이미지 인식 분야에서는 이미지 인식과 언어 생성 모델을 조합해 이미지 설명문 캡션 생성을 실현하고 있다.

또한 음성 인식에서는 음성 신호를 음향 모델로 처리해 '아', '이', '우'와 같은 음소(말의 뜻을 구별하는 단위 중 가장 작은 단위-옮긴이)를 인식한 뒤에 언어 모델을 적용하는 것이 일반적이다. 언어 모델을 이용함으로써 일본어에서 한자가 섞인 글[8]을 올바른 인식 결과로 얻을 수 있게 되었다. 음성 인식에서 업계 특

8 **한자가 섞인 글** 한자와 히라가나(가타카나)를 혼용해 표현한 문장. 일본어를 표현하는 가장 보편적인 표기문.

자연언어 처리 기술의 난이도

처리 대상			난이도	주된 처리	이용 기술
	pen you time	단어	낮음	단어의 분산 표현	Word2vec(Skip-gram), Glove, fastText
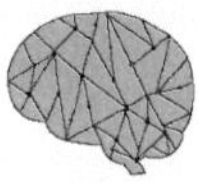	This is a pen.	문자		문자의 분산 표현, 센티멘트 애널리시스, 번역, 질문 응답(일문일답)	Doc2vec, RNN, LSTM, Encoder Decoder Model / seq2seq, Attention Mechanism
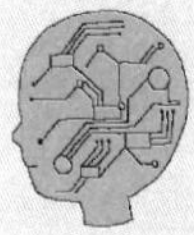	How many pens do you have? I have a pen. ………	문장	높음	문서 분류, 문서 요약, 대화, 함의관계 인식	도핑 모델 Encoder Decoder Model / seq2seq, Doc2vec, Memory Network, Reinforcement Learning

유의 용어 등을 올바르게 인식하기 위한 기능은 언어 모델이 담당하고 있으며, 기업이 음성 인식 시스템을 이용하는 경우에는 언어 처리 부분의 기능과 성능에도 주의할 필요가 있다.

2-6

인간과 기계가 자연스럽게 커뮤니케이션하기 위한 기술

내추럴 인터페이스

음성 조작과 몸짓 등 사람에게 있어서 더 자연스러운 조작 수단으로, 최신 웨어러블 디바이스를 통해 가전제품에 내추럴 인터페이스가 이용되기 시작했다.

내추럴 인터페이스란?

내추럴 인터페이스는 터치패널 등 사람이 직감적으로 조작하는 방법이나 목소리와 표정, 몸짓, 손짓 등 사람과 사람이 의사소통에 사용하는 방법으로 컴퓨터를 조작하는 기술이다.

디스플레이와 키보드, 마우스를 사용하기 위해서는 조작에 관한 전문 지식이 필요하다. 예를 들어 키보드를 이용한 문자 입력 방법을 비롯해 디스플레이에 표시되는 화살표 마크와 마우스의 움직임이 연동되는 것도 이해해야 한다.

그러나 누군가에게 말을 거는 것처럼 목소리로 입력하거나 화면을 직접 만지며 조작한다면 나이와 상관없이 이용할 수 있다. 또한 좁은 장소에서 작업해야 하거나 두 손이 시린 상태에서 작업해야 하는 경우, 데스크 워크를 전제로 만든 키보드 같은 디바이스는 적합하지 않다. 컴퓨터가 일상생활에 녹아든 지금, 사람에게 더욱더 자연스러운 수단으로서 음성 조작과 제스처와 같은 내추럴 인터페이스가 필요해지는 상황이 늘어나고 있다.

지금 내추럴 인터페이스가 주목받는 이유

2007년에 등장한 애플의 아이폰에 탑재되었으며 그 후 스마트폰의 보급으로 문자 그대로 누구나 아는 기술이 된 내추럴 인터페이스로는 터치패널이 있다.

터치패널은 사람의 손가락 움직임을 인식해 버튼을 누르고 이미지를 확대하거나 축소할 수 있다. 이 직감적인 인터페이스가 있었기에 스마트폰이 전 세계에 보급되었다고 할 수 있을 것이다. 그러나 스마트폰의 등장 이후 10년이 넘는 세월이 흘렀고, 인터페이스는 다음 무대를 바라보며 진화하고 있다. 그 진화를 가능하게 한 것도 AI이다.

터치패널은 키보드나 마우스에 비해 뛰어난 조작성을 가지고 있다. 그러나 엄연히 컴퓨터 상에 정의된 그래피컬 사용자 인터페이스를 위한 입출력 장치에 지나지 않는다. 사람이 화면의 의미를 이해하지 않으면 조작할 수 없으며, 반드시 직감적인 조작이 가능하다고 할 수 없다.

사람과 사람 사이의 커뮤니케이션에서 대화자가 상대의 지식과 경험에 맞추어

내추럴 인터페이스의 진화

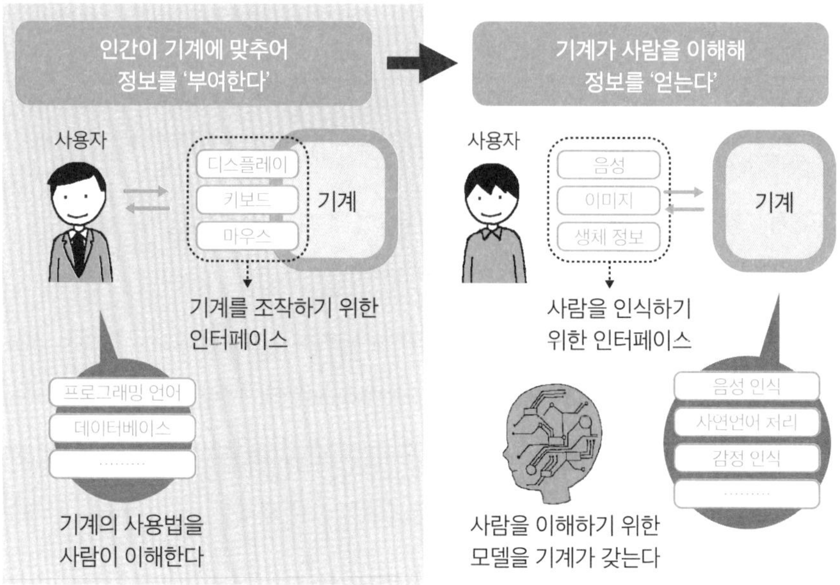

표현을 변경할 수 있는 것처럼, 뛰어난 인터페이스는 본래 상대에 맞추어 유연하게 대응할 수 있어야 한다.

여기에서 핵심이 되는 것이 음성 인식과 이미지 인식, 그리고 자연언어 처리 등의 AI 기술을 활용한 인터페이스이다. 각각 인식 기술의 정밀도 향상, 더 나아가 음성과 이미지처럼 복잡한 소스로 인간의 감정을 매우 정밀하게 읽어내는 기술 등이 등장해 문자 그대로 기계가 사람의 상태를 인식해 원활한 커뮤니케이션이 가능해지고 있다.

내추럴 인터페이스의 시스템

목소리를 이용한 인터페이스를 실현하려면 입력에는 마이크, 출력에는 스피커가 필요하며 그 사이를 잇는 기술로 음성 인식과 자연언어 처리, 음성 합성이 필요하다. 일반적으로는 목소리로 텍스트를 생성하는 음성 인식 모델과 텍스트로 상대의 의도나 입력 내용을 읽어내는 자연언어 처리 모델, 두 가지 모델이 활용된다.

자연언어 처리 중에는 입력을 목적으로 하는 커맨드로 치환해 실행하며, 경우에 따라서는 작업 수행에 부족한 정보를 상대에게 되묻는다. 이와 같은 기술을 '대화 처리'라고 하며 챗봇이나 스마트 스피커 등의 대화형 AI 기술에 사용된다.

사람이 대화할 때 표정이나 몸짓, 손짓이 말을 보완하는 것처럼 많은 정보를 제공하는 경우가 있다. 내추럴 인터페이스에서는 감정과 제스처의 이용도 활발하게 적용되고 있다. 목소리 톤이나 표정의 변화를 읽고, 패턴화함으로써 감정을 인식하고 언어에 포함된 상대의 의도를 올바르게 읽으며, 상황에 따라 제스처로 상대의 의사를 파악한다. 예를 들어 선생님이 학생에게 하는 것처럼 "이 문제의 정답을 알겠나요?"라고 물은 뒤, 얼마나 이해하고 있는지 학생의 표정으로 짐작해보는 것도 기술적으로 가능하다.

컴퓨터라는 기계를 이용해 AI 기술을 활용함으로써 사람을 이해하기 위한 모델을 만들고 인터페이스로 활용하는 것이 앞으로 내추럴 인터페이스가 나아갈 방향이라고 예상된다.

내추럴 인터페이스의 열쇠가 되는 AI

AI 연구를 리드하는 구글이 추구하고 있는 새로운 기술로 '**멀티 모델**Multi Model'이 있다. 멀티 모델이란 음성, 이미지, 언어와 관련된 여러 개의 작업을 하나의 뉴럴 네트워크로 학습할 수 있는 AI 모델이다. 이 모델에서는 동시에 얻을 수 있는 인풋을 단일 공통 표현으로 변환하고, 음성 인식은 물론 이미지로 그 상황을 이해하기 위한 문장을 생성하거나 4개의 언어 사이에서 기계 번역을 할 수 있다. 사람이 오감으로 얻은 정보를 통합해 사물을 판단하는 것처럼, 멀티 모델에서는 하나의 모델로 여러 개의 업무를 실시하는 것을 목표로 연구가 이루어지고 있다. 사람에게 최고의 인터페이스가 사람인 것처럼 기계가 오감을 사용해 세계를 이해하고 사람을 대하기 위해서는 멀티 모델처럼 여러 개의 인풋으로 상황을 인식해 판단하는 기능이 내추럴 인터페이스에도 필요할 것이라 생각한다.

멀티 모델의 연구에서는 흥미로운 결과도 얻을 수 있다. 언뜻 보기에는 아무런 관계가 없어 보이는 이미지 인식 업무 학습으로 언어 처리 업무의 성능이 향상되는 상승 효과가 일어난다는 것이다. 특히 학습 데이터가 적은 케이스에서 그 효과가 두드러진다고 논문에 보고되어 있다. 이것은 현재 딥러닝의 과제인 학습에 필요한 방대한 데이터 준비를 해결하는 실마리 중 하나가 될 가능성이 있다.

예를 들어 대량의 학습 데이터를 자연문으로 준비할 수 없는 경우에도, 어떠한

구글 멀티 모델의 개념도

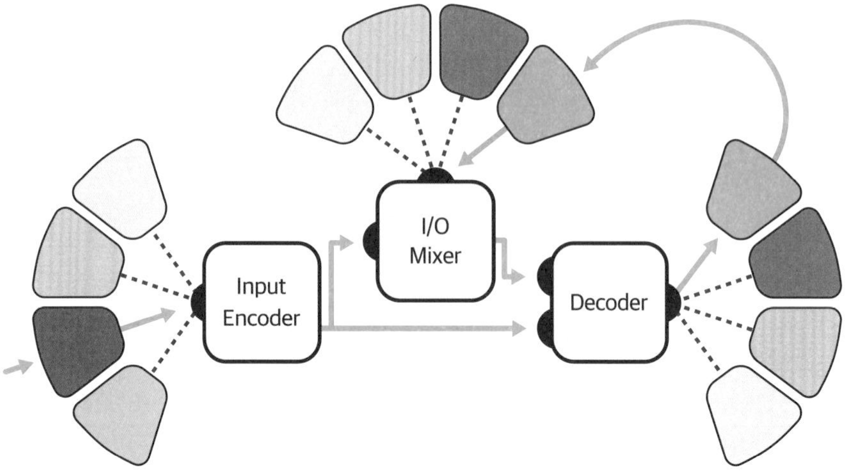

출처: Lukasz Kaiser, Aidan N. Gomez, Noam Shazeer, Ashish Vaswani, Niki Parmar, Llion Jones, Jakob Uszkoreit, One Model To Learn Them All, 2017을 바탕으로 작성

관계가 있는 이미지 데이터나 음성 데이터를 대체 데이터로 모아 학습시키면 자연문으로 학습한 것과 같은 효과가 나타날 가능성이 있다.

여러 개의 다른 소스를 활용한 학습은 사람인 어린이가 '집오리'의 특징을 이해할 때 수백만 장의 이미지 데이터가 필요하지 않은 것처럼 형태나 색을 비롯해 울음소리, 때로는 부모가 설명하는 듯한 자연문을 더해 학습을 진행하는 것과 비슷하다. 현시점에서 멀티 모델로 개발된 모델의 각 업무의 정밀도는 각각에 특화된 모델과 비교해보면 대부분 케이스에서 뒤떨어지지만, 학습 데이터 수집과 활용에 새로운 길을 개척한 공헌은 크다. 미래에는 사람과 같은 감각을 가진 AI가 최고의 인터페이스가 되는 시대가 분명 올 것이다.

내추럴 인터페이스와 디지털화

앞으로 기업이 디지털을 이용해 자사의 제품과 서비스를 고도화하기 위해서는 사용자인 사람의 정보를 빼놓을 수 없다. 획일적인 마케팅에 근거한 범용적인 서비스의 시대는 끝나고, 사용자는 자신에 맞추어 커스터마이징된 개인적인 체험을 추구하는 시대에 들어섰다.

이를 위해서는 사용자가 지금 무엇을 생각하고 있는지, 만족하는지 혹은 불만족한지, 무엇이 원인이 되어 문제가 일어나고 있는지를 알아둘 필요가 있다. 이것을 알 수 있는 수단이 바로 사람의 상태를 인식해 인풋 신호로 바꾸는, 앞으로의 내추럴 인터페이스 기술이다.

'사용하기 편리함'에 더해 AI와 조합함으로써 '인텔리전트함'을 획득해 지금까지 취득 불가능하다고 여겨졌던 종류의 데이터나 상황에서의 인풋 신호를 점점 가능하게 만들 것이다.

아무리 같은 센서를 사용하고 있다고 해도 가치 있는 정보로서 통찰을 끌어내는지에 대한 여부는 AI로 고도화된 인터페이스에 있다.

2-7 일상 대화로 주고받을 수 있는 프로그램
챗봇

마치 비서처럼 의뢰한 일을 수행하는 챗봇은 음성과 조합해 스마트 스피커에 사용되거나 라인처럼 채팅 서비스로 기업의 정보를 전달하는 아바타로 활용되고 있다.

챗봇이란?

챗봇은 라인 등의 채팅 서비스에서 활용되는 일상 대화를 인터페이스로 만든 프로그램이다. 의뢰에 따라 간단한 작업을 대행하거나 때로는 대화 상대가 되어주는 등 마치 진짜 사람처럼 행동한다.

예를 들어 아스쿨이 운영하는 EC 사이트 로하코LOHACO에서는 챗봇 '마나미

로하코의 챗봇 '마나미 씨'

출처: LOHACO https://lohaco.jp/event/line_support/

씨'를 도입해 문의에 24시간 대응함으로써 효율을 올리는 등 인력 부족으로 고민하는 콜센터업계에서 주목받는 기술이 되고 있다.

지금 챗봇이 주목받는 이유

최근 챗봇이 비즈니스에서 활발히 활용되기 시작하는 이유 중 하나는 챗봇의 요소기술이 되는 자연언어 처리 기술의 진화 때문이다.

제3차 AI 붐을 맞이해 챗봇에도 최신 AI 기술이 적용됨으로써 이전에 비해 훨씬 자연스러운 대화를 주고받을 수 있게 되었다. 그러나 진보했다고는 해도 아직 사람과 같은 대화가 어렵다는 점에는 변함이 없으며, 이것이 결정적인 이유라고는 할 수 없다. 지금의 챗봇 붐이 일어난 이유는 라인과 같은 채팅 서비스의 이용자가 확대되면서 챗봇이 활용되는 상황이 더 광범위해졌기 때문이다.

2010년경부터 메일 대신 채팅 서비스가 확산되기 시작했는데, 그 대표격이라고 할 수 있는 라인은 이미 일본인 2명 중 1명이 계정을 소유하고 있을 정도이다. 해외에서도 서양을 중심으로 사용자가 모여 최근에는 일본에서도 연락수단의 하나가 되어 이용자가 늘어나고 있는 페이스북 메신저Facebook Messenger, 중국에서는 위챗WeChat 등 수억 명이나 되는 사용자를 모으는 거대 플랫폼이 등장했다. 이것은 기업에게 새로운 고객과의 접점이 되었으며, 비즈니스에서도 크게 활용되고 있다.

라인이 등장한 2010년 초반에는 제품 정보의 제공과 쿠폰 발행 등 주로 광고미디어로 사용되었는데, 기업 측이 일방적으로 정보를 발신하는 '한방향' 활용에 그쳤다. 변화가 찾아온 것은 2015년경이었다. 폭발적으로 늘어난 챗봇을 고객과의 접점으로 더 이용하고 싶다는 분위기가 고조되었고, 챗봇 활용이 검토되기 시작했다. 챗봇으로 기업과 고객이 일대일로 대화하면서 상품 제안부터 판매까지

마무리하는 '쌍방향' 활용이 가능해진 것이다.

예를 들어 2017년 5월부터 SMBC 닛코 증권이 시작한 'AI 챗봇 서비스'는 라인에서 가볍게 계좌 개설을 안내하는 챗봇이다. 유인 서비스와 조합한 믿을 만한 서비스이다. 챗봇을 신규 고객 확보를 위한 '기회'로 삼으며, 필요한 고객이 챗봇에게 팔로우를 신청한다. 챗봇 서비스의 단단한 구축으로 '예상 고객'을 '단골손님'으로 바꾸는 것을 목표로 하고 있다. 다이렉트 메일 등 지금까지의 방법으로는 도달하기 어려웠던 20대나 30대와의 접점을 만들기 위해서는 채팅 서비스가 얼마나 유효한지를 쉽게 가늠할 수 있다.

마찬가지로 주목받는 기술로는 음성을 인터페이스로 삼는 스마트 스피커 플랫폼이 있다. 예를 들어 아마존의 알렉사나 구글 홈 등이다. 텍스트가 아닌 음성을 통한 커뮤니케이션이라는 점을 배제하면, 사용되는 요소기술은 챗봇과 같다. 페이스북, 아마존, 구글 각각이 자사의 플랫폼을 이용한 사용자 확보 시스템으로 각축을 벌이고 있다.

챗봇의 시스템

챗봇에 필요한 대화 기능은 일기 예보 문의 등 특정한 목적을 달성하기 위해 대화를 진행하는 '업무 지향형'과 마이크로소프트의 '린나'처럼 특정한 목적을 두지 않고 잡담하듯 대화 그 자체를 즐기는 것을 목적으로 하는 '비업무 지향형'으로 나뉜다.

업무 지향형 대화 기능을 내장한 예시로는 입력된 문장의 '의미 이해'를 수행하고 사전에 준비한 여러 개의 시나리오(규칙) 안에서 가장 적합한 답변을 확률로 도출해 그 후 대화를 진행하는 사례가 있다.

예를 들어 '내일 날씨는?'이라고 입력된 경우, 포함된 단어 등으로 '날씨 예보를 알아본다'라는 목적이 가장 적합하다고 판단한다. 또한 입력된 문장으로 일시나 장소, 고유 명사 등 목적 달성을 위해 필요한 정보를 취득하고 부족한 정보가 있으면 필요에 따라 다시 물어 대화를 진행하는 것이다.

현재 보급된 대화 기능은 입력문에 포함된 용어나 표현이 사전에 정의한 시나리오의 표현과 전혀 같지 않아도 유의어 사전 등으로 어느 정도 융통성을 발휘해 대화를 진행할 수 있다.

그러나 업무로 수행할 수 있는 일들, 즉 대화의 다양성이 드러나는 일들에서는 사람이 사전에 준비한 시나리오에 의존하며, 정의하지 않은 대화는 할 수 없다. 최근 연구에서는 위키피디아Wikipedia처럼 지식을 기술한 정보나 대화 이력 등을 바탕으로 인간이 시나리오를 일일이 준비하지 않아도 대화할 수 있도록 하는 연구가 진행되고 있지만 아직 실용화까지는 시간이 걸릴 예정이다.

비업무 지향형 대화의 경우 의미를 이해해 확률로 시나리오를 도출해낼 때까

대화 기능의 구현 예시

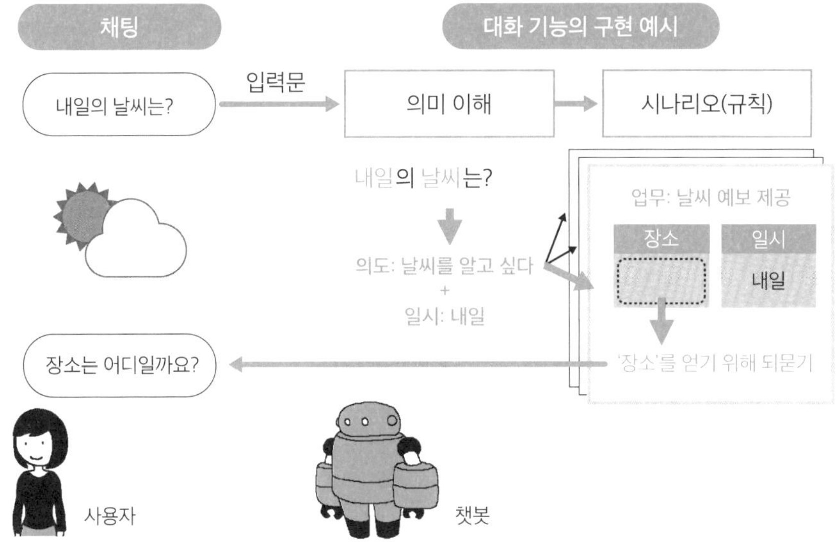

지의 흐름은 대체적으로 비슷하지만 시나리오를 작성하는 방법이 다르다. 업무 지향형에서는 목적 달성에 필요한 정보를 사전에 정의해 수집하지만, 비업무 지향형에서는 대화의 후보로 준비한 문장을 확률로 도출해 대답하는 일문일답 형식이 주로 이용된다. 또한 비업무 지향형은 대화를 즐기는 것이기 때문에 입력문의 감정을 분석해 응답문을 보내는 서비스도 있다. 감정 인식으로 응답문에 양념을 치는 것은 작업을 순조롭게 수행하는 업무 지향형 챗봇에서는 그다지 볼 수 없는 특징이다.

적재적소가 성공의 비결, 챗봇을 통한 보험 서비스 레모네이드

2015년에 뉴욕에서 창업한 보험 스타트업 기업이 바로 레모네이드Lemonade이다. 이른바 보험과 테크놀로지를 조합한 인슈어테크InsurTech[9] 기업 중 하나로, 2017년 12월에는 소프트뱅크가 약 135억 엔을 출자해 뉴스가 되었다.

레모네이드는 보험 판매부터 청구까지 그 모든 흐름을 챗봇으로 기계화해 미국에서 급속히 고객이 늘어나고 있다. 취급 상품은 일본에서 미니 보험이라고도 불리는 주택 내부의 가전제품 등 가재 보험이다. 업무 사정에 필요한 정보가 보험을 드는 상품과 주택이 있는 장소에 따라 정해지며, 대화에 필요한 시나리오 작성이 비교적 쉬워 챗봇화에 성공했다. 또한 한 달에 겨우 몇 달러 정도가 지출되는 보험이기 때문에 가격 비교보다도 오히려 몇 분 만에 계약할 수 있는 간편함이 좋은 평가를 받아 챗봇에 익숙한 젊은 세대에게 받아들여졌다.

그 밖에도 보험사의 수수료를 일률적으로 20%로 공표하고, 남은 보험료를 보

9 **인슈어테크** InsurTech=Insurance(보험)와 Technology(기술)를 조합한 합성어. 테크놀로지를 사용한 새로운 보험 서비스를 나타낸 말이다.

류하지 않으며 가입자가 희망하는 단체에 기부하는 구조를 가지고 있다는 점도 특징이다. 보험료의 투명성과 자선 단체에 대한 공헌이라는 모델로, 부정 청구를 억제하는 행동경제학이라고 불리는 개념을 도입하고 있다. 그럼에도 불구하고 일어날 수 있는 부정 청구는 해당 회사가 예측 분석 기술로 모델화한 AI로 끌어내어, 되도록 사람의 손을 거치지 않는 시스템을 구축하고 있다.

레모네이드의 사례로 알 수 있는 것은 현재의 AI 기술로 한계가 있는 챗봇이라고 해도 적절한 이용 상황을 발견하면 충분히 실용화할 수 있는 기술이 된다는 점이다. 이는 아직 만능이라고는 할 수 없는 AI를 활용할 때 흥미로운 시사점이라고 할 수 있다.

비즈니스에서의 챗봇 활용 범위

일반 소비자와의 접점으로 주목받고 있는 챗봇이지만 용도는 더욱 확대될 예정이다. 챗봇의 가능성에 착안한 마이크로소프트에서는 'CUI=Conversation User Interface'라는 표현을 사용해 대화형 인터페이스를 세상에 확산시키려 하고 있다. 이전의 CUI는 'Character User Interface'나 'Console User Interface'라고 알려져 있었기 때문에 세상과는 동떨어진 느낌이었다.

경비 정산용 클라우드 서비스를 제공하는 대기업인 컨커 테크놀로지Concur technology에서는 스마트폰 대상의 애플리케이션에 이어 새로운 서비스인 챗봇으로 경비 정산 서비스에 대응하기 시작했다. 업무 시스템은 사용자가 편리하게 사용할 수 있게 해달라는 요청에 따라 지속적으로 개선되고 있는데, 그 첫 번째 해결책이 챗봇이 될지도 모른다.

예를 들어 사용자가 화면을 이해하고 현재 소유한 경비 정산에 필요한 정보를 정리하고 입력하는 스타일을 분석해, 업무 시스템이 마치 전임 비서처럼 사용자

업무 시스템의 아바타화

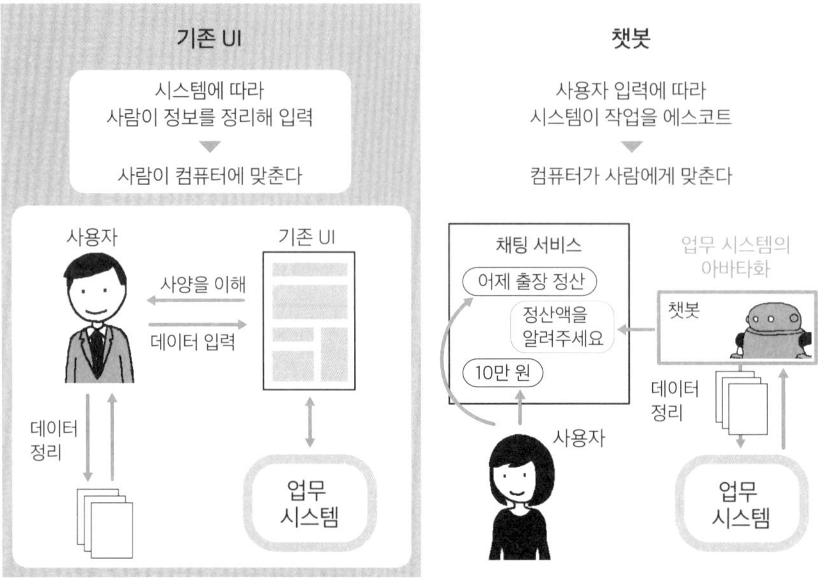

맞춤형으로 입력받은 정보를 정리하는 스타일로 변화하는 것이다. 이것이 업무 시스템의 아바타화라고 생각한다. 챗봇은 내추럴 인터페이스가 업무 시스템에도 활용되는 계기가 될 것이다.

정보를 추출해 처리하는 기술

2-8 센서와 데이터

자동차와 스마트폰 등 친근한 디바이스와 우리 주변 공간에 센서가 도입되어 일상생활을 더욱 편리하게 해 주는 서비스가 늘어나고 있다.

센서란?

센서는 소리가 가지는 특성과 금속의 온도에 의한 전기 저항의 변화 등을 이용해 관측 대상으로부터 사람과 기계가 취급하기 쉬운 데이터를 취득하는 장치이다. 현재 스마트폰에는 GPS 센서, 컴퍼스, 자이로스코프, 가속도계, 기압계 등 다양한 센서가 탑재되어 있다. 이를 가능하게 하는 것은 MEMS Micro Electro Mechanical Systems이다. MEMS란 센서에 필요한 기계 부품과 전자 회로를 미세 가공하는 기술로, 하나의 패키지에 장착된 것이다.

예를 들어 초소형 스프링이나 추를 조합해 가속도 센서를 만드는 것이다. 이 기술은 스마트폰 같은 전자기기를 비롯해 자동차용 라이트의 광축 제어에도 응용되고 있다. 스마트폰으로 성장시킨 MEMS 기술은 지금 다른 분야에도 널리 응용되고 있다.

IoT란?

IoT Internet of Things는 사물 인터넷이라고도 불리며, 신체 주변에 있는 온갖 사물이 네트워크에 접속되는 것을 의미한다. 사물이 만들어내는 데이터는 분석되어, 신제품 개발을 위한 자료로 활용되거나 새로운 서비스를 만들어내는 원천이 된다.

대표적인 사례가 제조업의 서비스화를 목표로 하는 GEGeneral Electric가 대응하는 **예지 보전**이다. 예지 보전이란 기기의 부품을 사전에 정한 내구연한에 따라 교환하는 것이 아닌, 고장의 예후에 따라 보수하는 것이다. 이 징후를 파악하기 위해 기기에 장착된 센서와 네트워크, 클라우드 상에 구축된 데이터의 축적, 해석을 담당하는 플랫폼 **'프리딕스**Predix'가 활용되고 있다.

예지 보전의 장점은 두 가지이다. 먼저 이용자에게 도움이 되는 장점은 예기치 못한 다운타임의 가능성을 줄이고, 보수에 필요한 비용을 최적화할 수 있다는 점이다. 보수 서비스를 시행하는 기업에게 도움이 되는 장점은 보수에 필요한 시기를 미리 알게 되어 계획적인 작업이 가능해진다는 점이다. 그 결과, 작업원의 가동률을 평준화할 수 있어 가격 경쟁력이 높은 서비스를 실현할 수 있다.

GE가 실시하는 고장의 예지 검지에는 사람이 실시하는 작업에 더하여 AI로 인한 기능의 강화를 진행하고 있다. 구체적으로는 AI가 데이터 종류를 판단해 자동으로 집계하거나 데이터 간의 상관관계를 발견해 사람이 효율적으로 분석할 수 있도록 하고 있다.

IoT로 데이터를 만들어내는 센서와 데이터를 취득하기 위한 네트워크와의 융합이 진행되고 있다. 예를 들어 야외 센서에는 모바일 네트워크와 배터리가 조합되어 전원과 네트워크를 부설할 필요 없이 몇 년에 걸쳐 이용할 수 있는 제품이 등장하고 있다. 이러한 사용 방법은 센서의 저전력화에 더해 속도를 늦추면서 저렴하게 네트워크를 제공하는 LPWANLow Power Wide Area Network 등 새로운 서비스의 등장으로 가능했다.

자동운전으로 주목받는 센서 퓨전

현재 시판되는 자동차에는 추종 주행을 서포트하는 적응식 정속주행 시스템adaptive cruise control이나 충돌 방지 피해 경감 브레이크를 탑재해야 한다. 이를 지원하는 것이 자동차에 탑재된 센서들이다. 참고로 자동차에 탑재된 대표적인 센서의 종류와 특징을 아래 도표에 소개한다.

라이다LiDAR는 구글이 개발하는 자동운전 자동차로도 유명한 센서인데, 현재에도 높은 가격 때문에 일반적으로는 탑재되어 있지 않다. 그래서 가시광 카메라가 능력을 잘 발휘할 수 없는 악천후 대책으로 장거리용으로는 레이더, 근거리용으로는 초음파 센서 등이 사용되고 있다.

100년 이상의 역사를 자랑하는 미국의 비영리 단체 SAESociety of Automotive Engineers: 미국자동차기술회에서는 자동차 운전을 위한 단계를 레벨 0(운전 자동화 없음)부터 레벨 5(완전 운전 자동화)까지 정의하고 있다. 적응식 정속주행 시스템처럼 운전자의 부담을 줄이는 기능은 레벨 1에 해당하며, 고속도로에서 핸들과 액셀을 제어해 동일 차선을 유지하는 부분 운전 자동화는 레벨 2에 해당한다.

레벨 1~2까지는 안전에 관한 감시 주체가 언제나 운전자에게 있으며, 운전을 지원하는 것에 지나지 않는다. 그러나 레벨 3~5는 주체가 시스템으로 이동해 자

자동운전 자동차에 탑재된 대표적인 센서

	측정 거리	분해능	비, 눈, 안개의 영향	색채	광도의 영향	가격
가시광 카메라	길다	높음	크다	컬러	크다	저렴
LiDAR	길다	높음	있음	없음	없음	수만~수백만
레이더	길다	중간	거의 없음	없음	없음	저렴
초음파 센서	짧다	낮음	거의 없음	없음	없음	저렴

동운전 기능이 된다. 레벨 3은 부분 운전 자동화라고 불리며, 한정적인 조건에서만 자동운전이 가능하고 시스템이 자동운전을 유지할 수 없다고 판단했을 때는 언제든 운전자가 시스템 대신 운전을 담당해야 한다. 레벨 4는 고도 운전 자동화라고 불리며, 장소 등의 조건이 부가되지만 긴급 시를 포함해 운전자가 운전할 필요가 없다. 레벨 5는 완전 운전 자동화가 되어 장소 상관없이 기본적으로는 어디서든 자동운전이 가능하다.

2017년에 세계 최초로 레벨 3 자동운전을 양산차로 실현한 모델이 바로 아우디 A8이다. A8에 탑재된 기능은 아우디 AI 트래픽잼 파일럿이라고 불리며, 시속 60km 이하라는 점과 편도 2차선 이상의 도로라는 점 등의 제약이 있지만 도로 정체 시간에 운전자를 대신해서 운전한다.[10] 마찬가지로 정체 시간의 운전 지원 기능을 제공하는 제조업체도 있지만 대부분은 레벨 2의 자동운전에 그치며, 감시의 책임 주체가 계속 운전자에게 있다는 점이 다르다.

아우디 A8에는 여러 센서가 사용되고 있다. 근거리 감시를 목적으로 한 초음파 센서 12대를 갖추고 있으며, 중거리용 레이더를 네 모퉁이에 설치했고 장거리용 레이더 1대, LiDAR를 1대 탑재하고 있다. 이 밖에도 넓은 범위를 내다볼 수 있는 360° 카메라 4대, 전방 감시카메라 1대와 자동운전이 어려울 때 언제든 운전을 이어서 하기 위한 차내 운전자 감시용 1대 등 센서를 이곳저곳에 설치한 시스템으로 구성되어 있다.

아우디 A8은 기능과 성질이 다른 센서를 조합해 주행 중 안전성도 높이고 있다. 이처럼 여러 개의 센서를 사용해 센서 각각의 약점을 보완하거나 센서 단일체

10 운전자의 상황은 실내 카메라를 통해 항상 감시되며, 시스템에 이어 운전할 수 있는 상태에 있다는 것이 이용의 전제가 된다.

아우디 A8에 탑재된 센서의 이미지

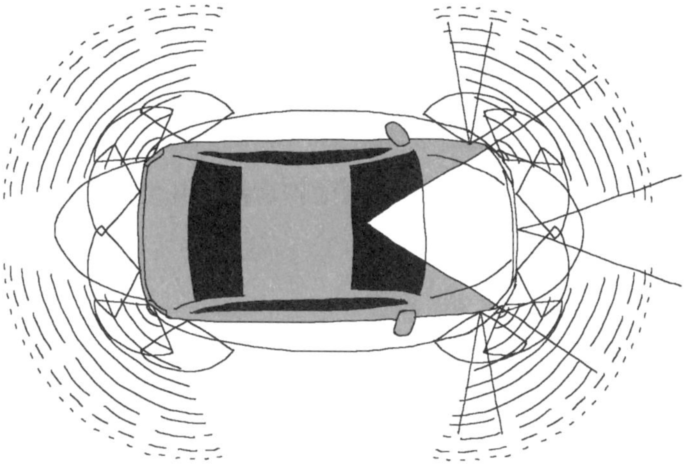

출처: https://www.audi.de/de/brand/de/neuwagen/a8/a8.html을 바탕으로 작성

로는 알 수 없는 정보를 추출하기 위해 센서 퓨전이라는 기술이 사용되고 있다.

아우디 A8에서는 센트럴 드라이버 어시스턴트 컨트롤러zFAS(독일어 zentrale Fahrer Assistenz Steuerung의 앞글자에서 따왔다.)라는 전용 컴퓨터를 개발해 24개나 되는 센서로 얻은 정보를 융합해 자동운전을 실현하고 있다.

이 컨트롤러는 엔비디아NVIDIA의 임베디드용 AI 프로세서와 뛰어난 이미지 인식 소프트웨어와 칩을 개발하는 인텔 산하의 모빌아이Mobileye, 마찬가지로 인텔 산하의 임베디드용 프로세서를 취급하는 대규모 업체 알테라ALTERA 그리고 독일의 반도체 제조업체이며 자동차 전용 칩을 취급하는 대기업 인피니온 테크놀로지스Infineon Technologies의 기술을 조합해 개발했다.

AI로 실현한 센서의 뛰어난 이미지 인식과 LiDAR의 융합

미국의 스타트업 기업 에이아이AEye는 자율주행 자동차를 위한 차세대 센서

아이다iDAR: Intelligent Detection and Ranging를 개발하는 테크놀로지 기업이다. iDAR는 LiDAR에 이미지 인식 기술 등을 융합해 고도화한 센서이다.

현재 LiDAR는 회전하는 구동 부품으로 구성된다는 구조상의 문제를 가지고 있다. 이러한 점은 고속 이동 중에 문제가 된다. 예를 들어 시속 50km 정도라면 충분한 여유를 가지고 멀리 있는 장애물을 검출할 수 있지만 시속 100km에서는 아무래도 센싱[11]이 느릴 때가 있다. iDAR는 구동 부품 개량 등을 통한 고속화가 아닌, 이미지 인식으로 센서의 지적 수준을 올려 이러한 문제를 해결하려 하고 있다. 구체적으로는 가시광 카메라에 이미지 인식 기능을 추가해 물체가 있다고 생각하는 영역만을 LiDAR로 파악해 센싱에 필요한 시간을 단축하는 것이다. 사용하는 LiDAR는 기존과 같은 제품이라고 해도, 카메라와 소프트웨어AI 기술를 조합하기 때문에 성능이 향상된다.

센서와 데이터의 이후

현재 센서와 데이터의 활용으로 한 걸음 더 앞서가는 것이 막대한 투자가 진행 중인 자동운전 분야이다. 이후에도 자동차 산업을 중심으로 새로운 기술이 개발되어 갈 것으로 예상된다.

마찬가지로 발전을 거듭하고 있는 분야가 IoT 분야이다. 이 분야에서는 GE가 IoT를 이용한 비즈니스 모델을 구축하기 위해 발 빠르게 선행 투자를 하고 있었지만 구글과 마이크로소프트, 아마존도 이 분야에 뛰어들며 거대 IT 플랫포머들의 싸움으로 발전하고 있다.

이 중에서도 구글과 아마존은 자동운전 분야에 함께 진출해 흥미로운 위치를

11 **센싱** 센서와 준비된 방법 등을 사용해 필요한 정보를 수집하는 일.

차지하고 있다. 구글은 웨이모Waymo라는 기업을 산하에 두고 자동운전 기술을 지속적으로 개발하고 있다. 또한 아마존은 2017년에 자동차 등의 제어기기에도 활용할 수 있는 프리알티오에스FreeRTOS를 인수했으며, 2018년에는 도요타 자동차와 함께 자동차 운전 기술 개발에 참여하겠다고 발표했다. 구글과 아마존을 보면 IoT가 상상보다 더 자동운전과 가까운 분야라는 것을 알 수 있다.

앞으로 센서와 데이터에 관한 기술은 실제 세계에서 가상 세계로 나가는 자동차 산업과 가상 세계에서 실제 세계로 나가는 거대 IT 플랫포머를 통해 발전해나갈 것으로 예상된다.

2-9

AI와 조합해 새로운 서비스를 만드는 기술

AI 디바이스

주변에서 볼 수 있는 가전제품부터 안전운전 기능을 더욱 향상시켜놓은 자동차까지, 다양한 분야에서 AI의 활용이 시작되고 있다. 이처럼 용도가 확산되면서 AI가 활용되는 상황이나 취급하는 데이터들로 인해 새로운 과제가 대두되고 있다.

AI 디바이스란?

AI 디바이스는 AI를 이용할 수 있는 스마트폰과 태블릿, 산업기계와 자동차 등 온갖 기기를 뜻한다. 예를 들어 시리나 구글 어시스턴트처럼 음성 어시스턴트 서비스를 이용할 수 있는 스마트폰과 아마존 알렉사 등이 탑재된 가전제품은 주변에서 쉽게 찾아볼 수 있는 AI 디바이스 중 하나이다.

스마트폰과 스마트 스피커처럼 AI 디바이스는 클라우드 서비스를 이용하는 형태로 시작했지만, 지금은 AI가 디바이스 안에 장착되는 사례가 늘어나고 있다. 예를 들어 화웨이의 스마트폰에는 1억 장 이상의 사진을 사용해 학습한 이미지 인식 엔진이 조합되어 있어, 피사체에 어울리는 촬영이 가능하다.

지금 디바이스에 AI가 조합되는 이유

AI는 자율성의 관점과 취급하는 데이터의 관점으로 디바이스 안에 조합되어, 인터넷이 없는 환경에서도 이용이 가능해지고 있다. 특히 자동차에서는 자율성의 관점이 중요하다. 최근 출시된 자동차에는 이미지 인식을 활용한 적응식 정속주행 시스템과 충돌 피해 경감 브레이크 같은 운전 지원 시스템이 기본으로 장착되는 경우가 늘어나고 있다. 이들은 언제나 기대한 신뢰성과 반응속도를 충족하기 때문에 클라우드 AI를 이용하는 것이 아닌 차 내부의 컴퓨터나 탑재된 카메라에 AI가 조합되어 있다.

데이터 관점에서 취급에 주의가 필요한 것 중 하나가 개인 정보이다. AI를 활용해 무척 편리한 서비스를 받는 대신에 개인이 가진 사진과 음성, 위치 정보 등 다양한 데이터가 수집되고 분석된다.

데이터 취급에 관한 약속이 기재된 서비스 프로바이더와의 계약서는 때에 따라 수십 페이지에 달하는 것도 있어 누구나 쉽게 이해할 수 있지는 않다. 따라서 수집된 데이터의 취급을 기업의 신뢰성에 맡기고 있는 것이 현재 실정이다. 여기에 파문을 일으키듯 데이터를 활용하는 AI를 사용자의 기기 안에 조합하는 서비스가 등장하고 있다. 개인 정보 취급에 대한 사용자들의 우려에 대응한 것으로, 수집된 정보는 디바이스 안에 머물러 그 소유자를 위해서만 쓰인다.

취급에 주의해야 할 데이터로는 기업의 데이터도 있다. AI를 통한 산업기계의 제어나 감시에 이용되는 정보에는 기업의 제품 제조 방법과 생산 상황에 관련된 기밀성이 높은 정보도 포함되어 있다. 데이터를 자사의 통제 하에 두기 위해 기업은 AI를 사내 시스템의 일부에 조합하거나 AI가 조합된 생산기계를 선택하는 등의 움직임을 보이고 있다. 또한 생산활동과 직결되는 제조업 대상의 AI 시스템에서는 네트워크 장애나 반응에 대한 우려가 있어 공장 내에서의 시스템 도입이 선호된다.

자동차처럼 자율적으로 AI를 활용하는 수요의 등장과 개인과 기업의 기밀성이 높은 데이터 취급을 둘러싼 문제의식이 떠오르면서 AI를 디바이스 안에 조합하는 움직임이 빨라지고 있다.

AI 조합에 대한 수요 증가

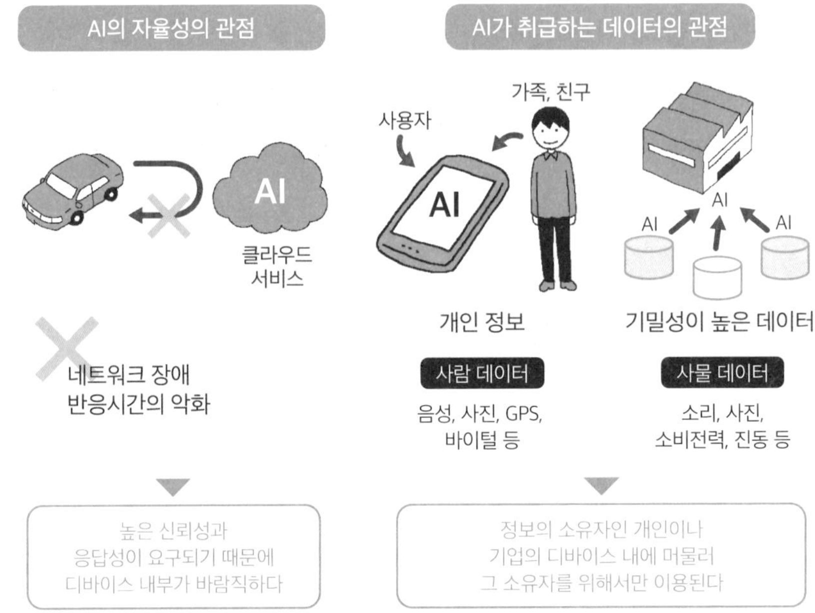

추론용 AI 칩의 등장

AI에는 일반적으로 대량의 데이터를 사용해 모델을 구축하는 '학습'과 실제로 데이터를 입력해 모델을 사용하는 '추론' 두 가지 공정이 있다. 학습에 높은 효과를 발휘하고 현재 디팩토 스탠더드가 되어 있는 것이 엔비디아의 GPU Graphics Processing Unit이다.

한편 추론을 고속이면서 저전력으로 실행하기 위해서도 전용 칩이 개발되고 있다. 그 일례가 애플의 아이폰에 탑재된 A11 Bionic과 중국 화웨이의 Kirin970 등 추론용 AI 칩이다.

추론용 AI 칩이란 딥러닝으로 쓰이는 라이브러리를 빠르게 실행할 수 있게 하는 칩으로, 이미 스마트폰 제조업체들은 자사 디바이스에 조합함으로써 제품 차

학습용 AI 칩과 추론용 AI 칩의 차이

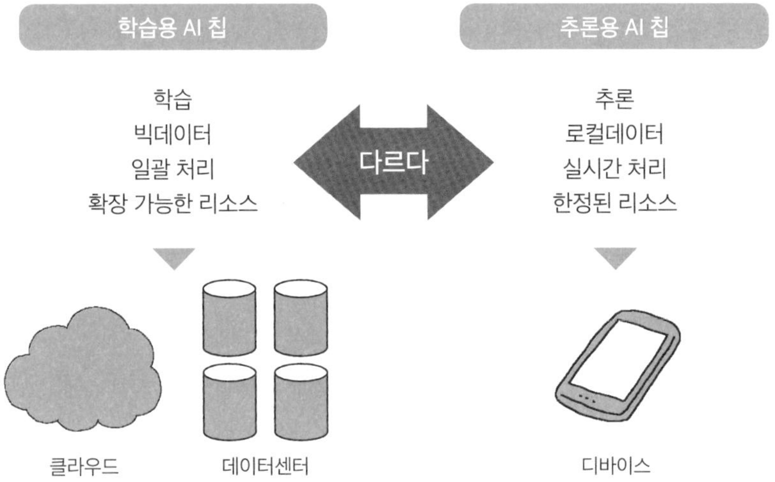

별화에 활용하고 있다. 이 밖에도 에이알엠ARM이 마찬가지로 AI의 추론을 빠르게 실행하는 칩을 발매하는 등 주로 모바일용, 임베디드용 칩 제조업체가 이 분야에 참가했다.

그러나 반드시 전용 칩이 필요하다고는 볼 수 없다. 모바일 네트워크용 칩세트로 높은 점유율을 차지하는 퀄컴QUALCOMM은 전용 칩을 사용하지 않아도 환경에 맞추어 AI 모델을 빠르게 실행할 수 있게 만드는 NPE Neural Processing Engine 라는 AI 프레임워크(소프트웨어)를 개발하고 있다.

또한 애플은 칩을 비롯해 코어엠엘CoreML이라는 애플의 하드웨어 상에서 빠르게 기계학습을 실행할 수 있는 라이브러리를 발매했으며, 구글도 텐서플로TensorFlow의 모바일 플랫폼 판인 텐서플로 라이트를 개발했다. 이처럼 임베디드용 AI 환경은 하드웨어와 소프트웨어 두 가지 면에서 단번에 확대되고 있다.

사례 1 모바일 뱅킹을 고도화하는 센서리

미국의 소프트웨어 기업 센서리Sensory는 음성 인식과 관련된 임베디드 기기용 기술을 오랫동안 개발해온 기업이다. 센서리는 버추얼 텔러Virtual Teller라는 AI를 활용한 모바일 뱅킹용 솔루션을 개발했다.

이용자는 버추얼 텔러로 창구에서 담당자와 커뮤니케이션하는 것처럼 아바타와 대화하며 거래할 수 있다. 본인 확인에는 음성 인증과 얼굴 인증을 활용한 AI로 생체 인증을 이용해 안전성을 높이고 있다.

또한 인증을 실시하는 AI는 스마트폰 애플리케이션에 조합되어 있기 때문에 취득한 생체 정보가 인터넷에 떠도는 일은 없다. 스마트폰 아바타와 원활한 대화를 진행하기 위한 음성 인식과 음성 합성 등도 탑재해 응답 성능을 높이고 있다. 센서리는 AI를 조합해 스마트폰을 AI 디바이스로 만들었으며, 이를 통해 뛰어난 보안성과 사용하기 간편한 사용자 인터페이스를 실현했다.

센서리의 버추얼 텔러

출처: Finovate의 소개 비디오를 바탕으로 작성, http://finovate.com/videos/finovatefall-2017-sensory/

사례 2 인식 기능이 조합된 비디오카메라 볼더 AI

미국 콜로라도 주의 스타트업 기업 볼더 AI Boulder AI는 감시카메라에 AI를 조합한 기기를 개발하는 기업이다. 촬영하는 동영상으로 대상물과 물체의 움직임을 파악해 유효한 정보를 끌어낼 수 있다. 예를 들어 금융기관용으로는 수상한 사람을 감지하는 애플리케이션을 구축했으며, 댐 관리 회사용으로는 설치된 어도를 물고기가 거슬러 올라갈 수 있는지 물고기를 종류별로 인식해 수를 파악하는 시스템 등을 구축했다.

볼더 AI의 감시카메라 디엔엔캠 DNNCam에는 엔비디아의 임베디드 기기용 AI 칩셋 TX2가 탑재되어 학습이 완료된 모델을 빠르게 실행할 수 있다. 이전부터 웹카메라와 클라우드를 조합한 인식 서비스는 있었지만 외딴 야외 설치 장소에서는 인터넷 회선을 끌어오기 힘든 경우도 있어, 항상 이용할 수 있는 것은 아니었다. 디엔엔캠은 카메라 기능과 인식 소프트를 조합한 제품이며 설정 후 바로 이용할 수 있다.

볼더 AI의 솔루션은 주차 구역과 번호판 인식을 활용한 주차 감시 시스템과 점포 내 고객 동선 분석, 유전 굴착기 감시 등 현재 사람과 카메라로 하고 있는 작업의 자동화를 꾀하고 있다.

앞으로의 AI 디바이스

AI는 우리 주변에 있는 제품들에 탑재되어 서비스를 고도화하고 이용성을 높이는 비장의 카드로서 확산될 것이다. 그렇게 하려면 주로 클라우드 상의 방대한 데이터와 풍부한 컴퓨터 리소스를 사용해 개발된 AI를 디바이스에 조합하는 일이 과제일 것이다.

디바이스별로 OS나 칩도 다르며, 메모리 등 리소스도 한정된 환경에서 AI를 움직여야 한다. 지금은 도입처의 환경에 맞추어 장인 기술적인 접근으로 개발한 모델을 단순화하고, 때에 따라서는 다시 만드는 것이 실제 상황이다. 기술적으로는 AI가 사용하는 데이터를 2진화해 메모리 필요량을 억제하는 등 마치 1980년대의 컴퓨터 게임 개발에서 진행했던 것처럼 꾸준한 노력이 필요하다. 누구나 바로 AI를 조합할 수 있는 상황은 아직 오지 않았다.

이후 AI 디바이스를 보급하기 위해서는 추론용 AI 칩으로 처리 성능을 높이는 노력과 함께 편리하게 조합할 수 있는 기술이 필요하다. 구체적으로는 AI 모델의 표준 사양 책정을 통해 호환성을 담보해야 한다.

일례로 페이스북이나 마이크로소프트, 아마존이 중심이 되어 진행하는 ONNX Open Neural Network Exchange를 들 수 있다. ONNX의 사양을 충족하는 환경이라면 개발된 모델을 어디서든 실행할 수 있다.

이 시스템에는 엔비디아와 에이알엠, 화웨이와 같은 칩 공급자들도 참여해 다른 하드웨어 상에서의 실행도 지원하는 횡단적인 시스템으로 확대하고 있다. 또한 아마존은 클라우드 상에서의 신속한 AI 개발과 디바이스에 대한 조합을 기계화해 일원 관리하는 세이지 메이커 SageMaker라는 서비스를 2017년에 시작했다. 미래에는 스마트폰이나 산업기계 등에 AI를 조합하는 것이 당연한 일이 될 것이다.

2-10

사람을 보조하거나 작업을 대행하기 위한 기계

로봇

AI와 마찬가지로 주목을 끄는 것으로 로봇이 있다. 쉽게 접할 수 있는 사례로는 로봇 청소기 룸바, 일본에서 탄생해 전 세계에 큰 충격을 준 페퍼(Pepper) 등이 있다. 로봇은 점차 다양화되면서 용도 역시 광범위해지고 있다.

로봇이란?

로봇은 사람을 보조하거나 사람과 관련된 작업을 하기 위한 기계이다. 로봇은 크게 두 종류로 나눌 수 있다. 공장 등의 생산 현장에서 쓰이는 **산업용 로봇**과 그 이외의 장소에서 쓰이는 **서비스 로봇**이다. 산업용 로봇의 대표적인 사례가 자동차 공장에서 쓰이는 용접용 로봇이다. 고열이 발생하는 위험한 용접 작업에서 사람을 대신한다. 또한 사람보다 속도가 빠를뿐더러 피로도 느끼지 않기 때문에 원칙적으로 24시간 계속 작업이 가능해 높은 생산성을 발휘한다. 한편 서비스 로봇은 산업용 로봇보다 활용 범위가 넓으며 로봇의 용도도 다채롭다. 구체적인 활용 범위는 가정, 점포, 창고 등에 이른다. 용도도 소비자 대상의 엔터테인먼트용부터 비즈니스 대상의 접객용까지 포함된다.

또한 넓은 범위의 로봇으로는 RPA Robotic Process Automation 라고 불리는 소프트웨어 로봇도 포함된다. 기계로 된 몸체를 가지고 있지는 않지만, 표 계산 소프트웨어로 추출한 값을 다른 시스템에 기재하는 등 사람이 행하는 일상 업무의 일부를 대행함으로써 사무 작업의 효율성을 높인다.

주요 로봇 예시

카테고리	목적	대상	기업 예시
산업용 로봇	생산효율화	조립·가공	ABB, KUKA, 유니버설 로봇, 화낙, 야스카와 전기
서비스 로봇	사람의 능력 보조·생활 지원	유지 보수·탐색·의료	Intuitive Surgical, 다이와하우스 공업
		수송·경비·청소	Savioke, Amazon Robotics
		간호·복지	다이와하우스 공업 사이버다인
		접객·안내·교육	소프트뱅크 로보틱스, 브이스톤, Fellow Robots
		반려동물	소니
소프트웨어 로봇	사무효율화	업무 작업의 자동화	Blue Prism, UiPath, RPA 테크놀로지스

산업용 로봇

©화낙주식회사

커뮤니케이션 로봇

©SoftBank Robotics Corp.

출처: 노무라 종합연구소

커뮤니케이션 로봇에 대한 높은 관심

커뮤니케이션 로봇이란 사람과 음성으로 커뮤니케이션할 수 있어 점포 접객 등에 쓰이는 로봇이다. 2014년에 발표된 소프트뱅크 로보틱스의 페퍼를 통해 시장이 단번에 확대되었다.

로봇에 따라 성능은 다르지만, 음성 인식 기술은 딥러닝을 활용하면서 향상되었고 잡음이 많은 실내에서도 인식할 수 있을 정도까지 기능성이 높아졌다. 그러나 대화 처리라고 불리는 대화 주고받기에 관해서는 자연언어 처리 기술이 성숙되지 않았으며, 잡담 이외에 사람과 같은 재치 있는 반응은 불가능하다. 그러므로 한정된 대화 능력만으로도 효과를 발휘할 수 있는 활용 범위를 찾아내는 것이 성공의 비결이다. 예를 들어 앙케트는 로봇이 대화를 리드할 수 있으므로 도입 효과

● 커뮤니케이션 로봇 페퍼

ⓒSoftBank Robotics Corp.

를 예측할 수 있는 활용 장면이다.

커뮤니케이션 로봇의 미래를 생각하면 스마트 스피커와의 구분도 궁금해진다. 이 두 가지는 음성 인식을 할 수 있다는 점과 대화가 가능하다는 점이 비슷하다. 그래서 처음에 커뮤니케이션 로봇이 유력하게 쓰일 것으로 예상되었던 영역의 몇 가지는 스마트 스피커가 장악할 것이라고 생각한다.

예를 들어 앞으로 가정 내에 보급될 네트워크 기능을 가진 가전제품의 제어를 들 수 있다. 가전을 제어하거나 관리하는 일은 가벼운 음성 커뮤니케이션만으로도 가능하므로 굳이 로봇일 필요가 없다. 한편 점포에서의 접객이나 안내는 고객이 먼저 로봇의 존재를 인식할 필요가 있으므로 몸체를 가진 커뮤니케이션 로봇이 더 유리하다.

커뮤니케이션 로봇에는 미국의 펠로 로봇Fellow Robots인 나비NAVii(117페이지 참조)처럼 좁은 점포 안에서도 장애물을 교묘하게 피해 상품이 있는 곳까지 안내하는 로봇이 있다. 이후에는 대화하면서 이동하는 등 플러스알파의 가치를 제공하는 기술이 커뮤니케이션 로봇에게 요구될 것으로 생각한다.

공장의 생산성 향상과 협동형 로봇

독일을 중심으로 그 노력이 시작된 인더스트리 4.0, 제조의 근대화를 진행하는 중국의 중국제조 2025(2015년에 제조업 활성화를 위해 발표한 산업고도화 전략-옮긴이)처럼 세계 각국이 제조업의 생산성 향상을 위해 노력하고 있다. 그 열쇠가 되는 것이 로봇을 활용한 생산설비의 자동화이다.

현재 제조업에서는 고객이 요구하는 다양한 기호에 대응하기 위해 하나의 라인에서 여러 개의 제품을 조립하는 다품종 소량 생산 방식이 요구되고 있다. 따라서 기존에 존재했던 로봇 기술만으로는 자동화가 어렵다. 여기서 주목하게 되는 로봇이 **협동형 로봇**이다.

협동형 로봇이란 여러 개의 관절로 이루어져 있으며 안전성과 자유도가 높은 로봇이다. '케이지'라고 불리는 안전망 안에 반드시 넣을 필요가 없으며 사람과 작업 테이블을 공유하며 파트너처럼 옆자리에 두고 활용할 수 있다. 만약 사람과 접촉했다고 해도 충격을 받지 않도록 운동량이 조정되며 부드러운 몸체로 되어 있는 등 안전성이 높아지고 있다.

예를 들어 산업용 로봇을 취급하는 일본의 대기업 화낙FANUC은 협동형 로봇을 제품화하고 있다. 이 로봇의 몸체는 자사의 컴퍼니 컬러인 노란색 대신 초록색으로 컬러링되어 있다. 화낙 협동형 로봇의 특징은 수십 킬로그램이나 되는 중량을

화낙의 협동형 로봇

©화낙주식회사

들어 올릴 수 있다는 것이다. 일반적인 제조업체는 사람과 함께 작업하는 경우를 예상해 통상적으로 비교적 약한 토크의 모터를 사용하는 데 그치는 반면, 화낙에서는 오랜 경험을 살려 모터의 힘을 끌어내면서도 높은 안전성을 확보하는 데 성공했다.

이 밖에도 덴마크의 유니버설 로봇 제품들은 재미있는 특징을 가진 협동형 로봇들이다. 일반적으로 거치형이 많은 산업용 로봇이지만 이 회사의 제품은 몇 킬로그램 정도로 경량화되어 이식성이 뛰어나며, 마치 소형 전동 드릴처럼 작업원이 필요할 때 사물함에서 꺼내 이용할 수 있다.

예를 들어 그날의 작업 내용에 맞추어 부품을 꺼내는 일이나 완성품을 컨베이어에 투입하는 단순하면서도 반복적인 작업을 로봇에게 맡길 수 있다. 이렇게 한다면 매우 난이도가 높은 작업만을 사람이 담당하게 됨으로써 공장의 생산성을 높일 수 있다.

로봇 기술의 범용화

최근 서비스 로봇 분야에 참가하고 있는 기업들이 늘어나고 있는 배경에는 진입 장벽이었던 로봇 기술이 범용화(코모디티화)되었다는 점을 들 수 있다. 이전에 로봇은 하드웨어부터 제어에 필요한 소프트웨어까지 전부 자사의 특별 주문품으로 개발해야 했기 때문에 한 대의 제조비용이 수억 원에 달하는 것이 당연했다. 여기에서 등장한 것이 ROSRobot Operating System라고 불리는 로봇 제어용 범용 소프트웨어 패키지이다.

ROS는 우분투Ubuntu라는 리눅스의 패키지에 로봇을 개발할 때 필요한 물체 인식 기능, 제어 기능 등의 각종 라이브러리를 조합한 것이다. 부품 중에는 욜로라고 불리는 딥러닝을 사용한 물체 인식 기능으로도 유명한 라이브러리가 있다. ROS는 원래 스탠퍼드 인공지능 연구소Stanford Artificial Intelligence Laboratory: SAIL의 의뢰로 윌로 개러지Willow Garage라는 회사가 개발한 것이었다.

그 후 오픈소스 소프트웨어가 되어 현재는 전 세계의 로봇 연구자와 개발자가 활용하고 있다. 2012년에 미국의 스타트업 리싱크 로보틱스Rethink Robotics는 연구용도로 쓸 수 있으며 ROS를 활용한 양팔형 로봇 '백스터BAXTER'를 2,000만 원 정도에 발매했다. 이 밖에도 윌로 개러지의 CEO가 새롭게 설립한 사비오크Savioke는 호텔 룸서비스처럼 실내 배달에 활용할 수 있는 자율운송 로봇 '릴레이Relay'를 개발했다.

ROS는 어디까지나 라이브러리의 집합체이며, 이것을 설치만 하면 로봇이 되는 것은 아니다. 필요에 따라 부품을 수정하고 용도에 맞추어 조합해, 제어와 인식에 필요한 소프트웨어를 개발해야 한다. 그러나 시장 규모와 비용 대비 효과 측면에서 참가가 어렵다고 알려진 서비스 로봇 분야에서 ROS는 기능이 하나로 정리되어 있다는 점을 활용해 기업의 저변을 넓히는 일정한 효과를 거두고 있다.

앞으로의 로봇

로봇은 AI의 유력한 활용처가 될 것이다. 로봇은 AI로 인해 뛰어난 시각 능력을 획득하려 하고 있다. 예를 들어 현재 시판되고 있는 아이로봇iRobot의 일부 로봇 청소기에는 감도 센서를 사용해 방의 구조를 파악하고 지도 정보를 만들어내는 기능이 갖추어져 있다. 이 지도를 사용하면 무작위로 청소하는 방식에 비해 훨씬 효율적으로 청소를 할 수 있다.

앞서 언급한 협동형 로봇도 이미지 인식 기술을 조합해 완성품의 스크래치를 확인하는 등 외관 검사에 적용하는 사례도 등장하고 있다.

로봇을 개발하려면 실증 실험의 장을 빼놓을 수 없다. 그 관점에서 아마존이 전 세계적인 로봇 경기대회인 '로보컵'과 함께 2015년부터 매년 개최하고 있는 '아마존 로보틱스 챌린지'는 중요한 위치를 차지하고 있다. 이 대회는 로봇을 이용해 창고에서 상품을 꺼내는 기술을 겨루는 장으로, 전 세계 기업들과 로봇 연구자들이 참가하고 있다. 로봇을 이용해 특정 상품을 선반에서 얼마나 정확하고 빠르게 꺼낼 수 있는지를 경쟁한다.

문제로 주어지는 상품을 보면, 매우 비슷한 외형의 상품이 문제로 출제된 선반에 놓여 있는 등 매년 난이도가 높아지고 있다. 과거 우승 경험이 있는 델프트 공과대학의 교수는 대학과 같은 기관에서 진행한 연구 성과를 실제 사회에 전파하려면 두 가지 포인트가 있어야 한다고 말한다. 한 가지는 연구의 최고점과 비즈니스의 최고점을 연결하는 것인데, 오픈소스를 이용하는 기술자나 오픈소스를 응용해 비즈니스에 활용하려는 기업의 최저수준을 향상시키는 것이다. 또 한 가지는 최저수준이 향상된 곳에서 새로운 최고점을 만들어내는 것으로, 아마존 로보틱스 챌린지와 같은 실천력 있는 기술 경기 대회를 들 수 있다.

로보컵도 원래는 로봇공학과 AI와의 융합에 따른 자율형 로봇의 개발과 기초

기술의 축적을 목적으로 시작되었다. 이러한 시도는 꾸준히 확대되어 재해 구조용 로봇 등 응용 범위를 넓혀가고 있다. 이후에도 이러한 시도들을 통해 로봇의 개발이 진행될 것이다.

COLUMN 튜링 테스트

영국의 천재 수학자인 앨런 튜링은 현대 계산기 개념의 기초를 구축한 사람이다. 또한 그는 제2차 세계대전 중에 독일군의 암호 '에니그마'를 해독해 연합군을 승리로 이끌었으며, 종전을 2년 정도 앞당겼다.

튜링 테스트는 기계가 지적인지 아닌지를 판정하는 시험법으로, 1950년에 튜링이 고안했다. 그는 이 테스트를 '이미테이션 게임(모방 게임)'이라고 이름 붙였지만 일반적으로는 그의 이름을 딴 튜링 테스트로 알려져 있다.

튜링 테스트란 기계에게 인간의 대화를 모방하게 하고, 인간 판정자가 자신과 대화를 나누는 상대가 기계인지 인간인지 확실히 구별할 수 없으면 그 기계에는 지능이 있다고 판정하는 것이다. 튜링이 이 테스트를 고안했던 시대에 '기계는 사고할 수 있는가'라는 문제가 토론의 대상이 되었다. 그는 이 문제를 직접 풀지 않고 '기계가 인간과 동등한 사고를 할 수 있을까'라는 문제로 치환했다. 이 평가 방법으로 제안된 것이 바로 튜링 테스트이다. 튜링의 제안은 널리 받아들여졌지만 반론을 펴는 사람들도 있었다. 251~252페이지에서 소개할 미국의 철학자 존 설이 진행한 '중국어 방' 사고 실험도 그중 하나이다.

튜링 테스트는 이러한 본질적인 문제 이외에도 실제 운용상의 과제가 지적된다. 튜링 박사 사망 60주기가 되는 2014년 6월 7일에 실시된 테스트에서 역사상 최초의 튜링 테스트 '합격자'가 나왔다. 합격한 주인공은 러시아의 블라디미르 베셀로프Vladimir Veselov와 우크라이나의 유진 뎀첸코Eugene Demchenko가 개발한 슈퍼컴퓨터 '유진Eugene'으로, 33%의 판정자가 기계와 구분하지 못했다.

합격 요인 중 하나로 '우크라이나에 사는 13세 소녀'라는 유진의 설정을 들 수 있다. 테스

튜링 테스트

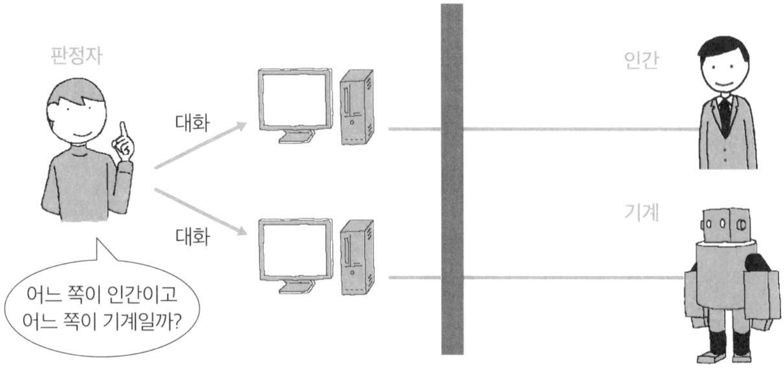

기계에게 인간을 흉내 내게 해 단말기를 통한 대화로 판정자가 구분할 수 있는지 테스트한다

트는 영어로 실시되었기 때문에 판정자들이 보기에 모국어가 아닌 영어를 더듬더듬 말하는 유진이 오히려 사람답다고 느낀 것이다. 원래는 지적인지 아닌지를 판정하기 위한 테스트였지만 인간처럼 틀리는 것으로 높은 평가를 얻게끔 유진은 설계되어 있었던 것이다.

현대 연구자들의 커뮤니티에서는 AI의 평가 방법으로 튜링 테스트를 이용하지 않는다. 그러나 높은 인지도 때문에 튜링 테스트를 더욱 실용적인 프로그램으로 검토하자는 움직임도 있으며 몇 가지 제안이 이루어지고 있다. 제안 중에는 도로보 군東ロボくん(딥러닝 기반으로 학습해 도쿄대 합격에 도전하는 일본의 인공지능 로봇-옮긴이)처럼 인간이 받는 테스트를 AI에게 받게 해 그 결과로 평가하는 방식과 언어 처리뿐만 아니라 신체성을 필요로 하는 업무를 더해 실제 세계에 대한 대응을 부과하는 방식 등이 있다.

구체적으로는 자연언어로 쓰인 매뉴얼에 따라 로봇이 가구 등을 조립하게 만드는 일이 제안되고 있다. 이러한 작업에는 자연언어 처리뿐만 아니라 시각 기능과 신체 제어 등 많은 지적 작업이 필요하다. 튜링 테스트가 고안된 시대와는 달리 현재 컴퓨터는 눈, 귀, 입, 신체 등 많은 기능을 갖추고 있다. 튜링 테스트도 더 인간에 가까운 존재를 목표로 해야 하는 시대가 된 것이다.

CHAPTER 3

사회의 시스템을 바꾼다! AI 활용 사례집

다양한 업계에서 AI의 활용을 검토하고 있으며 서비스와 제품의 개선뿐만 아니라 전혀 새로운 비즈니스 모델의 창조, 기업의 진출과 탄생을 일으키는 기폭제가 되고 있다. 이번 장에서는 각 업계가 가진 과제와 트렌드에 따라 특징적인 활용 사례를 찾아봄으로써 AI가 유도하는 미래의 모습을 예측해보고자 한다.

3-1 AI를 활용한 데이터 해석이 불가능을 가능으로 만든 농업

IoT에 의한 센서의 소형화와 야외에서도 사용하기 쉬운 무선 통신 기술의 등장으로 전문가 대신 AI가 해석을 담당해 고도화된 농업이 조금씩 확산되기 시작하고 있다.

사례 1 블루 리버 테크놀로지의 레터스봇

미국의 블루 리버 테크놀로지Blue River Technology[1]는 이미지 인식 기술을 농업에 응용하는 기업이다. 이 회사는 농약 살포용 로봇을 여러 대 장착한 대형 트랙터를 개발했다. 이 트랙터는 '레터스봇Lettuce Bot'이라는 별명으로 불리며, 양상추를 재배하기 위해 사용된다.

일반적으로 양상추 재배에는 정성스러운 제초와 한 그루마다 상품 가치를 높이기 위한 모종 솎아내기가 중요하다. 따라서 레터스봇에는 잡초를 식별하고 모종의 밀집 상황을 평가하는 이미지 인식 기능이 적용되었다. 이로써 필요한 포인트에서만 제초제를 뿌릴 수 있게 되었으며, 양상추의 성장을 촉진하면서도 농약 사용량을 약 90%나 줄이는 데 성공했다. 무선 원격 조정 헬리콥터 등을 사용해 농약을 '면'으로 살포하던 것을 로봇을 이용해 농약을 '점'으로 살포하는 일을 실현한 것이다.

블루 리버 테크놀로지가 이러한 기술을 개발할 수 있었던 이유가 있는데, 회사의 엔지니어가 스탠퍼드 대학에서 AI 기술을 학습하고 있었고, AI를 개발하는 데

1 **블루 리버 테크놀로지** 2017년 9월에 미국 농업기계 대기업 디어 앤드 컴퍼니가 인수.

● 블루 리버 테크놀로지의 레터스봇

출처: Blue River Technology, https://www.wired.com/2016/05/future-humanitys-food-supply-hands-ai/

필요한 데이터를 획득할 수 있었기 때문이다. 레터스봇에는 양상추 모종의 이미지와 양상추 밭에 잘 자라는 잡초처럼 일반적으로는 유통되지 않는 데이터가 필요했다. AI의 개발을 성공시키기 위해 특정 영역의 데이터를 입수하는 것이 얼마나 중요한지를 말해주는 예시라고 할 수 있다.

사례 2 보쉬의 플랜텍트

자동차용 부품부터 농기구까지 폭넓은 기계를 취급하는 보쉬BOSCH는 하우스 재배 농업용 솔루션 '플랜텍트Plantect'를 개발하고 있다.

플랜텍트는 온습도 센서, 이산화탄소 센서, 일조량 센서 등을 내장한 센서 시스템과 통신기로 구성된 시스템이다. 센서로 취득된 데이터는 보쉬의 클라우드에 전송되어 언제든 확인할 수 있다. 또한 이 데이터를 AI가 해석해 생산자에게 농약 살포 타이밍을 조언해주며, 병충해의 발생을 억제해준다.

보쉬 측에 따르면 플랜텍트는 현재 토마토에 특화된 서비스에서 예측 정밀도가 92%에 달한다. 또한 이 시스템은 적은 소비전력으로 무선 통신을 가능하게 하는 로라LoRa[2]를 사용해 시판 알칼리 건전지만으로도 약 1년간 가동할 수 있다.

농작물 병충해는 눈에 보이는 상태가 된 시점에는 농약을 투여해도 효과가 떨어지므로 그 징후를 얼마나 빠르게 파악하는가가 포인트이다. 보쉬는 하우스 재배라는 어느 정도 폐쇄된 공간을 타깃으로 삼아 기후에 따른 차이를 일정 범위 내로 좁히고 센서로 농작물의 병충해 예측 정밀도를 높였다.

생산자는 플랜텍트를 도입해 농약 살포량을 최소한으로 제한함으로써 농약에 드는 비용을 줄일 수 있다. 아울러 작업 횟수를 줄여 노동 부담도 덜어준다.

보쉬의 시도는 생산자의 느낌과 경험을 통한 농업에서 센서를 통해 데이터에

보쉬의 플랜텍트

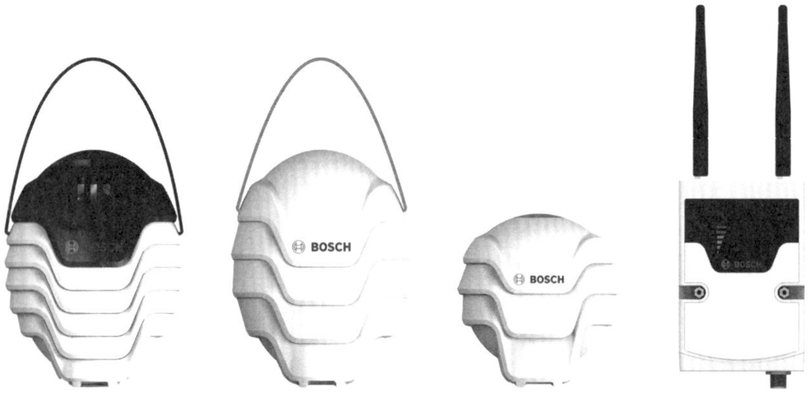

온습도 센서 | CO_2 센서 | 일조량 센서 | 통신기

©보쉬

2 **로라** 저전력으로 최대 8km 정도의 통신을 가능하게 하는 규격. LPWA(Low Power, Wide Area) 규격에 포함된다.

근거한 농업으로 전환한 사례라고 할 수 있다.

사례 3 인팜의 비용 제로 채소

독일 베를린에 있는 스타트업 '인팜Infarm'은 양상추와 허브 재배를 위해 실내 농장 솔루션을 개발하는 기업이다.

유리 수조 같은 장치를 사용해 온도, 습도, 빛, 그리고 물의 양과 질을 관리해 365일 어디서든 채소를 재배할 수 있다. 신선도가 생명이라고 할 수 있는 베이비 리프 같은 엽채류 채소나 허브를 타깃으로 삼아 슈퍼마켓이나 레스토랑의 수요를 노리고 있다. 대규모 농장에서 낮은 비용으로 생산되는 기존 상품보다 비용을 절감하면서도 높은 신선도와 맛을 판매 전략으로 내세우고 있다. 이 맛을 가능하게 하는 것이 바로 데이터에 근거한 관리이다.

인팜은 각지에 도입된 장치를 네트워크로 연결해 기계학습으로 구축된 예측 모델과 재배 전문가들이 제품을 제어하는 시스템을 만들어내고 있다. 이 모델은 수확까지 대략 5만 번에 걸쳐 얻은 데이터를 해석해 수량 증가와 품질 향상에 도움을 준다.

인팜 장치는 모듈로 완결되며 필요에 따라 수직으로 쌓거나 수평으로 연결해 간단히 확장할 수 있다. 좁은 도시의 토지를 효과적으로 이용할 수 있도록 고안하고 있으며 마치 데이터센터 서버처럼 스케일을 확장시킬 수 있다.

이 회사는 독일의 대규모 슈퍼마켓인 에데카EDEKA 등과 연계해 점포 안에 설치하는 등의 비즈니스를 진행하고 있다. 고객의 요구에 따라 맛도 조절하고 점포 안에 인팜을 설치하는 등 수확 체험을 즐기며 개인의 기호에 맞는 채소를 구입하는 일이 가까운 미래에 어디서든 가능하게 될 것이다.

에데카의 점포 앞에 놓인 인팜 시스템

출처: EDEKA, https://www.edeka.de

불가능했던 농업을 가능하게 만드는 AI

블루 리버 테크놀로지의 레터스봇은 이미지 인식과 로봇을 조합해 손이 많이 가는 제초 작업과 솎아내기 작업을 자동화했다. 대규모 농장에서 하나하나의 모종 상태에 맞춘 세심한 관리가 가능해진 것은 획기적인 일이다.

보쉬의 플랜텍트는 식물에 병충해가 생기기 전의 징후를 뛰어난 정밀도로 파악할 수 있다. 이것은 숙련된 생산자가 아니면 얻을 수 없었던 '감勘'을 알 수 있게 해준다.

인팜은 AI를 사용해 사람의 손으로 관리하기 어려운 수많은 식물 플랜트를 각각의 환경에 맞추어 제어할 수 있게 했다. 모두 기존에 불가능하다고 여겨졌던 것을 가능하게 만든 것이다. 이후에도 AI를 활용한 데이터에 근거해 뛰어난 생산 방법이 등장하며 지금까지 생각지도 못했던 방법이 실현될 것이다.

세상의 서비스를 바꾸는 AI

3-2 EC·소매

EC는 IT의 축복이라고 한다. 탄생과 동시에 데이터 활용 능력이 기업의 생명선이 되었으며, AI를 활용한 마케팅을 당연한 듯 사용하고 있다. 한편 EC 기업을 맞받아치며 소매업에서도 AI나 로봇이 빠르게 도입되고 있다.

사례 1 아마존 알렉사가 만들어내는 새로운 소매 채널

지금은 아마존이 다른 업종으로 진출하는 디스럽터Disruptor(창조적 파괴자)라는 인상도 있지만 그 기원인 EC[3] 세계에서도 계속 혁신을 일으키고 있다. 아마존은 고객과의 접점 강화를 꾀하고 있다. 그 무기가 바로 일본에는 2017년부터 발매된 아마존이 개발한 스마트 스피커, '아마존 에코Amazon Echo' 시리즈이다.

에코는 음성 인식과 음성 합성 기능을 갖추고 있으며, 사용자와의 대화에 자연언어 처리를 사용하는 AI 기술을 집대성한 장치이다. 아마존은 그 파생 기종으로 카메라를 사용한 이미지 인식 기능을 갖춘 '아마존 에코 쇼Amazon Echo Show'를 미국에서 발매했으며, 고객과의 접점을 강화하기 위해 AI를 중점적으로 활용하고 있다.

에코의 목적 중 하나는 아마존의 유료 음악 감상 서비스를 알리는 채널 역할이다. 하지만 진짜 목적은 음성을 이용한 구매 체험을 보급하는 것이다. 웹이나 스마트폰을 대신하는 새로운 인터페이스를 음성으로 정하고 그 획득에 나선 것이다. 음성의 매력은 간편함에 있다. '아차'라는 생각이 들 때, 잊어버리기 전에 구

3 EC Electronic Commerce의 약자. 인터넷을 이용한 전자거래를 가리킨다.

매하고 싶은 물건을 즉시 구입하기에 적합하다.

예를 들어 생활용품처럼 같은 상품을 반복 구입해 얼마 안 되는 금액 차이를 절약하기보다는 빠르고 확실하게 상품이 도착하는 것을 선호하는 사고방식과 어울린다. 에코는 마치 슈퍼마켓에서 구매를 깜빡하지 않게 도와주는 계산대 옆 코너처럼, 가장 친근한 점포의 형태로 가정에 들어가 지금까지 어이없게 놓친 수많은 기회를 놓치지 않도록 도와주고 있다.

에코의 음성 인식과 같은 일련의 기능은 음성 어시스턴트 '알렉사'로 시작되었으며 타사의 전자 제품 등에 탑재할 수 있다. 알렉사를 적용하는 기업은 알렉사의 풍요로운 서비스에 접근할 수 있으며 자사의 제품 가치를 높일 수 있다.

그리고 아마존은 고객과 새로운 접점을 얻게 된다. 이 플랫폼화로 아마존은 음성 어시스턴트로 앞서가던 애플과 구글을 추월해 자사의 서비스를 가정에 선보이는 데 성공했다.

아마존 에코 시리즈

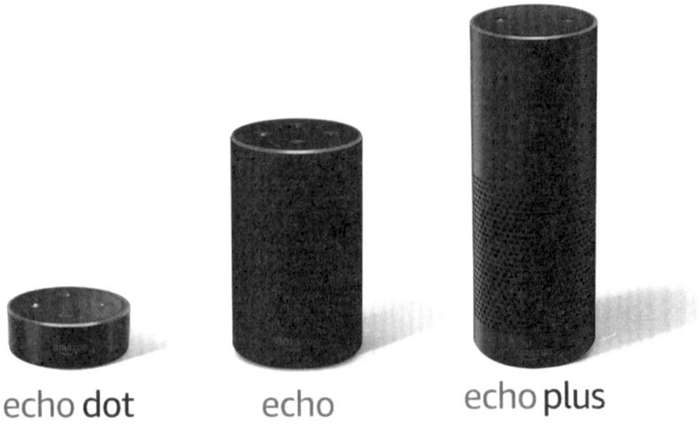

©Amazon

사례 2 오카도의 온라인 슈퍼

2000년에 문을 연 영국의 오카도Ocado는 실제 매장이 단 한 곳도 없는 온라인 슈퍼이다. 오카도의 2017년 연차 보고서에 따르면 매주 26만 건이나 되는 주문에 대응하고 있다고 한다. 오카도는 독자적인 배송망을 가지고 있으며, 아침 5시 반부터 밤 11시 반 사이에 1시간 단위로 배달 시간을 지정할 수 있는 편리함과 채소와 같은 신선식품부터 인기 있는 고급 식재료까지 5만 점이나 되는 다양한 상품을 취급한다는 점에서 호평을 받고 있다.

2000년이라는 이른 시기에 오카도가 탄생한 배경에는 영국에서는 일요일이나 공휴일에 식품 슈퍼마켓을 비롯한 일반 상점들이 문을 열지 않는다는 점이 있다. 이러한 배경으로 24시간 주문할 수 있으며 일요일, 공휴일에 상관없이 식재료 구매가 가능한 온라인 슈퍼의 수요가 늘어난 것이다.

오카도는 최신 테크놀로지를 구사해 만든 배송센터 'CFC Customer Fulfillment Center'로 지탱되고 있다. 가장 최근에 생긴 센터는 잉글랜드 앤도버에 위치해 있다. 약 2.2ha의 부지에 건설되었으며 축구장 3개가 넘는 크기의 광대한 센터이다. 이 센터의 심장부를 지탱하는 것이 바로 오카도가 독자적으로 개발한 상품을 보관하기 위한 스토리지 시스템(창고)이다.

스토리지 시스템은 격자무늬의 골조 안에 일반적인 골판지 박스 크기의 상자를 세로로 10개씩 쌓아 평면 위에 가득 채운 거대한 입방체로 이루어져 있다. 독자적으로 개발한 소형 로봇은 최대 속도 4m/초로 이 입방체 위를 돌아다니며 쌓아 올린 상자 안에서 상품을 꺼낸다. 모인 상품은 레인을 타고 선별 스테이션으로 운반되며, 오더에 따라 상자에 들어간다.

AI는 이 스토리지를 관리할 때 사용되고 있다. 첫 번째는 스토리지 내 상품의 배치 장소 변경이다. 상품이 들어 있는 상자를 쌓아 올리고, 위에서 로봇이 꺼내기 때문에 더욱 많이 출하되는 상품일수록 상층부의 상자가 되도록 조정되어 있다. 또한 상품의 출하 데이터로 시뮬레이션한 다음 배치 장소를 결정하고 있다.

로봇의 수집 루트도 AI로 최적화되었다. 각각의 루트 최적화와 함께 상시 400대 이상이 가동하는 로봇끼리 충돌하지 않게 하려면 마치 항공기의 관제 시스템과 같은 치밀한 계획이 필요하며, AI의 힘을 빌리지 않고 이를 제어하기란 불가능하다. 그 결과, 구식 창고에서는 한 가지 주문 상품을 모으는 데 경우에 따라 2시간 정도 걸렸던 작업이 15분 정도까지 단축되었다. 앤도버 창고에서는 일부 상품에 AI를 사용한 선별 로봇도 도입해 매주 6만 5,000건이나 되는 주문을 처리하고 있다.

오카도는 지금까지 자사에서 개발한 시스템을 '오카도 스마트 플랫폼Ocado Smart Platform'으로 서비스화해 타사에도 라이센스를 제공하고 있다. 이미 영국의 슈퍼마켓 모리슨즈Morisons, 프랑스의 슈퍼마켓 카시노Casino처럼 실제 점포를 가진 기업이 온라인 부문을 강화하기 위해 오카도의 기술을 도입하고 있다.

2018년 5월에는 아마존에게 큰 영향을 받고 있는 미국의 소매업 크로거Kroger가 오카도의 기술을 도입하기로 했다. 특히 식품을 취급하는 슈퍼마켓들이 아마

오카도의 스토리지 시스템

출처: https://www.youtube.com/watch?v=iogFXDWqDak

존에 대항하기 위한 비장의 테크놀로지 카드로 오카도가 가진 기술에 주목하고 있다.

사례 3 테크놀로지로 맹추격하는 징동

중국 상무성이 2017년에 발표한 통계에 따르면 중국의 EC 거래량은 2016년에 5조 2,000억 위안(약 910조 원)에 달하며, 현재 세계 최대 규모이다. 이러한 중국에서 알리바바에 이어 최근 급속히 성장하고 있는 EC 기업이 징동京東, Jingdong이다. 인터넷 기업으로서는 알리바바의 라이벌이기도 한 텐센트Tencent에게 2014년에 출자를 받았으며, 거대 EC에 대항하는 위치에 서 있다. 그리고 텐센트가 가진 소셜 네트워크 서비스, '위챗WeChat[4]'과 결제 서비스 '위챗 페이WeChat Pay[5]'의 데이터를 AI로 분석해 마케팅의 고도화를 진행해왔다.

알리바바와 비교해보면 징동의 특징은 배송에 대한 철저한 고집이다. 알리바바가 배송을 타사에 위탁하는 것에 비해 징동은 2007년부터 독자적인 배송망을 구축하기 시작했으며, 현재는 중국의 인구 비율로 환산하면 99%의 지역을 담당하고 있다.

또한 85% 이상의 상품을 당일 또는 다음 날까지 배송해 평균 배송 시간이 1.3일로 짧다. 이를 뒷받침하는 것이 각 지역에서 고용된 6만 7,000명이나 되는 자사의 배송 직원과 중국 전국에 자리한 창고와 같은 로지스틱스 시스템이다. 2017년 상하이 근교 곤산 시에 문을 연 배송센터에서는 AI나 로봇 기술을 활용해 무인화를 실현하고 있다.

---

4 **위챗** 수억 명이 사용하는 중국의 채팅 애플리케이션 p.75 참조.

5 **위챗 페이** 위챗에 연결된 모바일 결제 서비스.

징동은 이후 전략으로 현재 진행 중인 '무한 소매' 전략을 선보이고 있다. 무한 소매란 EC 온라인과 실제 점포의 온라인, 그리고 물류를 융합한 소매 비즈니스의 이상적인 모습을 나타낸다. 이 융합으로 소비자가 언제 어디서든 상품을 구매할 수 있게 한다. 이러한 시도 중 하나가 2018년 1월 베이징에서 오픈한 '7FRESH'라는 징동의 슈퍼마켓이다.

점포 안에는 로봇 카트를 배치해두었다. 스마트폰 애플리케이션을 사용해 QR 코드를 스캔하면 이용할 수 있으며, 고객이 전용 리스트 밴드를 착용하면 그 뒤를 쫓아가는 기능이 탑재되어 있다. 복잡한 점포에서 사람을 피해 주행하는데, 마치 자율주행 자동차에서 사용할 법한 이미지 인식 기술을 사용하고 있다.

징동의 로봇 카트

©징동

흥미로운 것은 정산 시스템이다. 계산대에 줄을 서는 것은 고객이 아니라 카트이다. 상품을 실은 로봇 카트가 스스로 계산대에서 정산한다. 고객은 30분 정도 후에 돌아와 상품을 받을지, 5km 권내라면 당일 배송을 받을 것인지 선택할 수 있다. 징동은 AI나 온라인으로 배양된 첨단 기술을 융합해 실제 점포까지 크게 변화시키려 하고 있다.

사례 4 새로운 노동자의 탄생, 펠로 로봇

펠로 로봇Fellow Robots은 소매업용 솔루션을 개발하는 미국의 스타트업 기업이다. 펠로 로봇이 접객용으로 개발한 로봇이 바로 나비NAVii이다.

나비는 사람 키 정도 크기의 자율주행식 로봇으로 터치패널에 사이니지(광고) 기능이 있으며 음성 인식 기능을 사용해 고객과 커뮤니케이션을 통해 상품이 있는 곳까지 스스로 이동하면서 안내한다.

실제로 나비의 접객을 받으면 사람의 모습이 아님에도 마치 직원이 있는 듯한 느낌을 받는다. 이를 실현하는 데 효과를 발휘하는 것이 바로 나비의 움직임이다. 마이크로 사람이 말하는 방향을 인식하고 카메라로 사람의 얼굴을 인식한다. 이를 통해 고객을 돌아보며 다가가 이야기할 수 있다.

실제 점포에서는 상품 광고 포스터 속의 배우나 TV에 비친 프로그램 등 소매점에서 취급하는 상품에 따라 사람과 착각하는 경우가 많다. 그래서 나비는 도입되는 점포의 속성에 따라 잘못된 인식이 줄어들도록 조정하고 있다.

상품 안내의 수요가 높은 홈센터 등 다수의 상품을 취급하지만 방문이 빈번하지 않은 형태의 점포에서는 나비의 도입으로 뛰어난 접객 효과가 나타났다고 한다. 이러한 곳들은 슈퍼마켓에 비해 고객의 방문 빈도가 적기 때문에 고객이 진열 상황을 알기 어려우며, 1년에 몇 번 정도 구매하거나 상황에 따라서는 지금까지

펠로 로봇 나비

©Fellow Robots

구매한 적이 없는 상품이 구매 목록에 포함되기 때문이다. 상품이 있는 곳을 안내하는 작업은 나비에게 맡기고 상품의 사용 방법 등 고도화된 접객은 직원이 담당해 업무를 효율적으로 진행할 수 있다.

나비는 접객 이외의 용도로도 활용할 수 있다. 구체적으로는 점포 앞의 재고 정리를 들 수 있다. 나비에는 무선 태그를 읽는 RFID 스캐너가 조합되어 있으며, 상품에 RFID 태그를 장착하면 재고 수를 파악할 수 있다. 나비가 직원 대신 점포 안의 재고를 살펴보는 것이다. 이 기능은 미국의 홈센터, 로우스Lowe's에서 실제로 도입되어 사용되고 있다.

또한 펠로 로봇은 그 후 진열대를 이미지로 인식해 상품의 결품 파악과 가격표의 가격 체크를 시행하는 리스토어ReStore라는 솔루션을 개발했다. 아마도 나비는 카메라와 연동하는 것도 가능할 것이다. 펠로 로봇은 점포 안을 자유롭게 돌아다닐 수 있는 로봇인 나비에게 이미지 인식 등의 AI 기능을 차례차례 추가해 점포를 대상으로 한 여러 가지 솔루션의 가능성을 탐구하고 있다.

가상 기술이 현실 세계에 펼쳐지다

EC 기업에서의 AI 활용은 데이터로 마케팅을 고도화하는 일에서 시작해 다음 단계로 나아가고 있다. 아마존은 음성과 같은 AI 기술을 총동원해 고객과 새로운 접점을 창조하고자 한다.

인터넷으로 탄생한 EC 기업은 결국에는 스마트폰과 같은 기존 디바이스의 틀을 뛰어넘어 현실 세계와의 접점을 스스로 만들어내는 존재가 되려 하고 있다.

주로 식품 관련 슈퍼마켓 분야에서 아마존을 맞받아치는 처지에 있는 것이 오카도이다. 오카도의 강점은 상품이 정해진 타이밍에 확실히 전달되는 로지스틱스에 있다. 이것을 뒷받침하는 것이 다른 기업이 슬며시 도입하기 시작한 AI와 로봇을 활용한 스토리지 시스템이다. 이 시스템으로 창고 내의 움직임을 컴퓨터로 시뮬레이션하고 최적화함으로써 매우 신속하게 물건을 출하한다.

또한 중국의 징동은 AI 등 최신 기술을 구사해 실제 점포, 즉 현실 세계에 진출하고 있다. 소매용으로는 로봇을 활용한 접객과 이미지 인식을 사용한 상품 확인 등 적은 인원으로도 점포를 운영하는 솔루션이 등장하고 있다.

현재 EC 기업은 지금까지 축적한 기술을 실제 세계로 가져와 한층 더 진화를 시도하는 단계에 와 있다. 가상 세계, 즉 IT로 축적된 데이터 세계에서 비즈니스를 만들어낸 EC 기업이기에 현실 세계의 디지털화에 필요한 기술을 파악하고 있는 것일지도 모른다. 소매 기업도 EC 기술을 절묘하게 도입해 점포의 고도화를 진행하고 있다. 이후에도 EC, 소매에서 사용되는 기술은 서로 경쟁하면서 발전해 나갈 것이다.

3-3

AI가 지금까지 존재하지 않았던 서비스를 만드는

운수

최근에는 사람이 이동하기 위한 수단이 철도, 버스, 택시, 라이드쉐어 그리고 쉐어 사이클 등으로 다양해지고 있다. AI는 이러한 기술을 고도화해 새로운 서비스를 만들어내는 원천이 되고 있다.

이동을 혁신하는 마스 글로벌 윔

이동 방법도 자동차처럼 이동을 위한 '물건'을 소유하는 개념에서 서비스를 이용하는 '일'의 개념으로 전환하고 있다. 이동을 위해 제공되는 서비스를 MaaS Mobility-as-a-Service라고 한다.

MaaS로 비즈니스를 진행하는 기업 중 하나가 마스 글로벌MaaS Global이다. 핀란드 헬싱키에서 2016년부터 '윔Whim'이라는 스마트폰 애플리케이션을 사용해 이동 서비스를 제공하고 있다. 구체적으로는 철도와 버스, 택시, 카쉐어, 쉐어 사이클 등과 같은 리소스와 이용자의 수요를 AI로 매칭해 이동수단을 제안하고 예약과 결제를 대행한다.

이용 플랜은 이용할 때마다 결제하는 타입, 지역 내 공공 교통수단을 마음껏 이용할 수 있는 플랜과 택시 등 기타 이동에 소비되는 비용에 사용할 수 있는 포인트를 조합한 타입, 그리고 지역 내에서 지정한 이동수단을 무한으로 이용할 수 있는 타입 등 세 가지가 있다. 윔이 모든 결제를 대행하므로 이용자에게 편리한 서비스이다.

윔은 사회 문제를 해결할 수 있는 측면도 가지고 있다. 구체적으로는 공공 교통수단까지 접근하는 방법을 개선해 철도와 버스 이용 빈도를 높이고, 자가용을

마스 글로벌 윔의 서비스 이미지

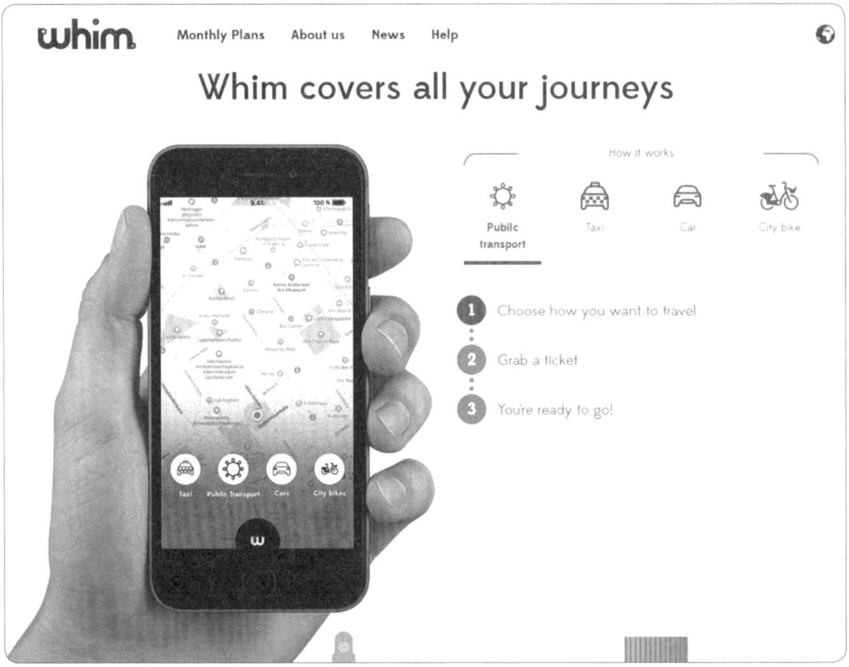

출처: MaaS Global, https://whimapp.com/

이용한 이동을 줄여 정체 완화를 목표로 하고 있다. IT의 힘으로 도로처럼 새로운 인프라를 투자하지 않고도 도시가 가진 과제를 해결하는 시도로서 주목받고 있는 것이다.

윔의 서비스가 실현된 것은 이동수단을 제공하는 공공 교통기관과 수송 기업이 오픈 APIApplication Programming Interface로 각 회사의 서비스를 공개하고 있다는 점과 관련이 있다. 윔은 2018년 4월에 영국의 버밍엄에서도 서비스를 시작했으며 아시아에서는 싱가포르에서 서비스를 전개할 예정이다. 도시의 이동 문제도 AI를 이용한 매칭으로 해결하려 하고 있다.

모바이크 쉐어 사이클

쉐어 사이클은 중국에서 시작된 쉐어링 이코노미로서 전 세계에 급속하게 확산되고 있다. 그중 한 회사가 2016년 4월 상해에서 서비스를 시작한 모바이크Mobike이다. 쉐어 사이클은 중국의 오포ofo가 마찬가지로 2014년에 서비스를 시작했는데 후발 주자였던 모바이크는 AI와 같은 테크놀로지를 구사해 이용자를 늘리고 있다.

모바이크 자전거는 휴대전화 회선을 내장해 스마트폰으로 잠금을 해제하는 시스템으로 되어 있다. 구체적으로는 전용 애플리케이션을 다운로드하고 자전거에 설치된 QR 코드를 스캔해 그 자리에서 결제하고 승차한다. 자전거에 GPS도 내장되어 있으므로 이용하고 싶을 때 자전거가 어디에 있는지 애플리케이션으로 쉽게 찾을 수 있다.

비용은 중국에서는 30분당 1위안 정도로 매우 저렴하게 책정되어 있다. 초기 계약 시에는 위탁금으로 299위안(약 5만 원)이 필요하지만, 중국에서 보급하는 알리페이 등의 결제 서비스가 운영하는 **신용평가 시스템**[6]에서 일정 스코어 이상이면 면제받는다.

AI는 쉐어 사이클의 과제를 해결하는 데에도 이용되고 있다. 그중 하나는 자전거 배치 문제이다. GPS로 파악한 자전거 위치를 바탕으로 AI로 효율적인 회수 루트를 제안하는 시스템을 만들고 있다. 또한 이용 상황을 데이터로 만들어 어디에서 쉽게 빌릴 수 있는지를 AI로 예측하고 배치에 활용하고 있다. 기타 GPS나 휴대전화의 전파가 닿지 않는 곳이나 고장 난 기기처럼 회수가 어려워진 자전거는 이용자가 자전거를 발견하는 데 협조하는 시스템을 만들고 있다.

6 **신용평가 시스템** 자세한 내용은 p.222 참조.

구체적으로 이야기하자면, 문제가 있는 자전거를 발견했을 때 모바이크에 연락하면 1포인트를 획득할 수 있다. 모바이크에서는 이용자를 스코어링하고 있으며, 스코어는 100포인트부터 시작한다. 특별한 문제를 일으키지 않으면 이용할 때마다 1포인트를 획득할 수 있다. 반대로 주차해서는 안 되는 곳에 두는 등 위반 행동을 하면 20포인트가 줄어든다. 포인트가 80 미만이 되면 페널티로 30분당 추가 100위안(약 1만 7,000원)이나 되는 비용이 소요되며, 사실상 이용할 수 없게 된다. 이로써 모바이크는 이용자의 매너를 향상시키고 서비스를 유지 관리하는 수고를 줄이는 데 성공했다.

모바이크는 수집한 데이터를 AI로 해석해 도시의 교통 개선에도 활용하려 하

모바이크의 서비스 이미지

출처: Mobike, https://mobike.com/jp/

고 있다. 예를 들어 언제, 어느 정도의 이용이 있었는지를 분석해 버스나 전철 운행 스케줄을 검토할 수 있다. 또한 나이 등의 속성 정보를 사용해 점포 마케팅에 이용할 수도 있다. 2018년 4월에 모바이크는 레스토랑 리뷰 사이트와 음식 배달 서비스를 제공하는 중국의 메이퇀뎬핑美团点評에 인수되었다. 아마 모바이크가 만드는 데이터를 노린 포석으로 보인다.

에어버스의 항공 택시-시티에어버스

유럽의 대규모 항공기 제조업체인 에어버스Airbus는 하늘을 나는 택시 '시티에어버스CityAirbus'를 개발하고 있다. 시티에어버스는 에어버스의 헬리콥터 제조 부문인 에어버스 헬리콥터스가 직접 참가하는 4인승의 거대한 드론이며, 2023년까지 실용화를 목표로 하고 있다.

시티에어버스의 순항 속도는 120km/h이며, 거점과 거점을 잇는 합승형 셔틀버스로 정체가 빈발하는 도심에서 이용될 예정이다. 서비스 시작 초기에는 유인 비행을 생각했지만 미래에는 AI에 의한 자율항행이 될 예정이다. 여기에는 파일럿 비용의 절감을 비롯해 조작을 컴퓨터화함으로써 승객용 좌석을 하나 더 확보하려는 목적이 있다.

에어버스는 미래를 더 내다보고 '팝업Pop.Up'이라는 콘셉트를 만들어냈다. 팝업은 자동차나 공업 제품 디자인 분야에서 세계적으로 유명한 이탈리아의 이탈디자인과 함께 제작했다. 개인용 수송 서비스의 미래상을 나타낸 것으로 영화 속 우주선 같은 수송 포트를 베이스로 한다. 이동의 기본은 자동차 형태이다. 이용자는 승차 장소와 하차 장소를 지정해 이용한다.

차내의 인터페이스는 음성 인식과 제스처, 승객 확인용으로는 얼굴 인식 등 AI 기술의 이용이 기대되고 있다. 포인트는 정체 시간 대응이다. 팝업은 정체에 맞닥

에어버스의 Pop.Up

ⓒAirbus

트렸을 때, AI가 비행용 드론을 기지에서 불러내어 마치 왕년의 로봇 애니메이션처럼 현장에 도착하는 대로 승객이 승차하는 포트에 도킹한다. 그리고 자동차 타이어 등의 프레임 부분을 남겨두고 자동차가 드론으로 변형되어 목적지를 향해 날아간다. 남겨진 자동차 부분은 자율주행 기능을 이용해 스스로 수송 기지로 돌아간다. 미래를 예감하게 하는 설계이며 시대의 첨단 기술을 파악해온 이탈디자인만의 서비스 디자인이다.

에어버스는 이 밖에도 현재 헬리콥터와 비행기의 기술을 융합한 '바하나Vahana'를 제작해 시티에어버스와 같은 드론형과 비교하며 미래에 하늘 수송 혁신의 핵심이 될 소형 비행기를 설계하고 있다. 이들의 공통점은 서비스의 핵심이 되는 운전을 AI에게 맡기는 자율비행이라는 점이다.

AI, 지금까지 없던 새로운 서비스를 창조하다

이번에 이야기한 사례들 외에도 홍콩의 지하철 보수 점검 인원의 스케줄 작성처럼 기존 업무의 효율화에도 AI가 활용되고 있다. 그리고 AI를 이용한 새로운 수송 서비스도 속속 등장하고 있다.

윔은 택시와 같은 개인용 서비스와 많은 인원을 효율적으로 이동시키는 공공교통 시스템을 AI로 연결해 자가용의 이용을 줄이고 정체 완화와 환경 문제를 해결할 수 있는 서비스를 만들어냈다. 모바이크는 AI에 의한 데이터 해석을 활용해 쉐어 사이클의 수익 모델을 개선하고 이동 데이터라는 새로운 자원을 획득했다.

AI가 파일럿이 되어 하늘을 나는 새로운 이동수단이 등장할 가능성도 커지고 있다. 이후 이동의 선택지는 점차 늘어날 것으로 예상된다. 그 선택도 분명 AI가 개인에 맞게 MaaS 시스템으로 조정해줄 것이다.

3-4

IT 기업으로의 변신을 꿈꾸는 금융기관

금융

금융 분야는 AI에 적극적으로 투자하는 사업 영역 중 하나이다. 유럽과 미국의 금융 분야에서는 고객 접점의 개혁과 업무의 효율화·자동화에 AI를 다수 도입하기 시작했으며, AI의 활용이 곧 경쟁력의 원천이 되고 있다.

AI에 대한 높아진 기대와 투자

금융업계의 AI 투자가 활발해지고 있다. 리서치 회사인 IDC에 따르면, 2016년 AI에 투자된 비용 약 60억 달러 중 4분의 1은 금융기관에서 투자되었다고 한다. 유럽과 미국에서는 "골드만삭스가 증권거래의 자동화를 이용해 600명이던 트레이더(평균 연봉 50만 달러)를 2명까지 삭감했다."라는 보도도 있으며, 자동화와 효율화를 가속시키는 AI에 대한 기대가 높아지고 있다.

골드만삭스는 트레이딩 외에도 금융 시장 분석 · 조사 분야에서 AI 솔루션을 제공하는 켄쇼Kensho라는 스타트업 기업에 투자해 기술을 도입했다. 켄쇼의 AI, '워런Warren'은 자연언어 인터페이스를 갖춘 금융 시장 분석 솔루션이다. "ISIS의 테러 공격은 코모디티 가격에 얼마나 영향을 미치는가?", "원유 가격이 10% 하락할 경우, S&P 500에 어떠한 영향을 미치는가?"라는 질문을 해볼 수 있다.

워런은 이처럼 이벤트에 대한 종목의 퍼포먼스나 자산에 대한 영향 예측 모델을 가지고 있어 이러한 질문에 빠르게 답변할 수 있다. 뉴욕 타임스는 골드만삭스 직원들이 "우리에게는 일주일이나 필요한 일을 순식간에 끝내는 워런을 보고 놀랄 수밖에 없었다."라고 말했다고 전했다.

AI를 도입해 기존 업무의 처리 시간 단축을 실현하는 사례는 시장 분석뿐만

켄쇼의 인공지능 '워런'

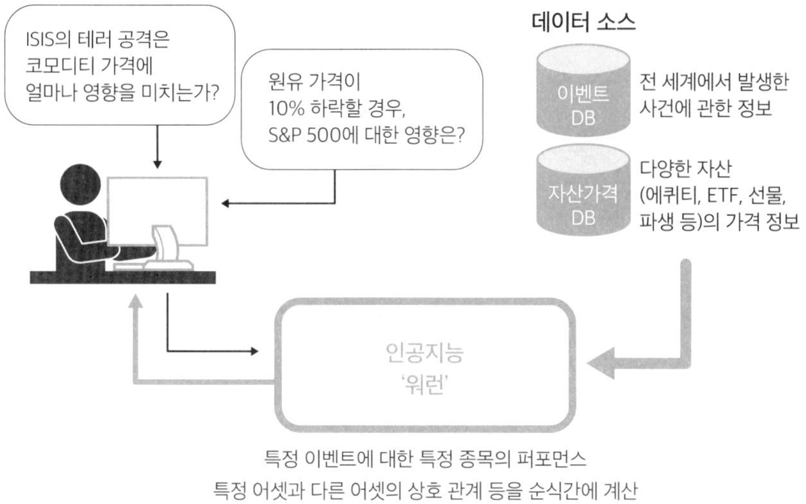

출처: 공개 자료를 바탕으로 노무라 종합연구소 작성

아니다. 대규모 금융기관인 JP 모건 체스는 2016년 6월에 상업 융자 계약 내용을 해석하는 AI를 이용했다. 이 회사가 도입한 'COIN Contract Intelligence'이라는 AI는 그때까지 법률 전문가와 융자 담당자가 연간 36만 시간이나 투자하던 업무를 단 몇 초 만에 끝냈다.

금융업계에서는 이러한 업무 이외에도 '고객 접점', '리스크 어세스먼트(대출 심사 포함)', '투자/포트폴리오 관리', 'IT 관리', '자금 세탁 방지' 등 많은 업무에 AI의 활용을 기대하고 있다.

고객 접점을 바꾸는 챗봇

챗봇은 서양 금융업계에서 많이 활용되는 AI 솔루션 중 하나이다. 2017년 3월에 미국의 대규모 금융기관인 캐피털 원 Capital One이 제공하기 시작한 '에노 Eno'라는 챗봇은 SMS Short Message Service를 통해 고객의 신용결제를 돕는 서비스로,

당월 계좌의 잔액과 신용결제 이력을 확인할 수 있다. 최근 서양 금융기관에서는 이처럼 비교적 단순한 서비스는 일반적으로 제공하고 있다.

또한 더욱 고도화된 서비스에 챗봇을 이용하기 위해 금융업계 특유의 전문 지식을 받아들이려는 노력도 진행하고 있다. 미국의 군인용 금융 서비스를 제공하는 USAA는 클린크Clinc라는 스타트업과 힘을 합쳐 고객용 챗봇을 제공하기 시작했다. 클린크는 금융업계에 관한 지식을 습득해 세련된 자연언어 처리 엔진과 기계학습 기능을 갖춘 챗봇을 개발하고 있다. USAA는 클린크의 기술을 사용해 정해진 언어가 아닌 자연적인 언어로 대화하는 서비스를 제공한다.

캐나다 5대 은행 중 하나인 티디 은행TD Bank은 시리 인터내셔널SRI International의 스핀아웃 기업인 카시스토Kasisto와 제휴해 고도의 기술을 가진 챗봇을 실현했다. 카시스토의 챗봇 플랫폼인 'KAI'는 업계 고유의 지식을 등록할 수 있으며 딥

USAA의 챗봇

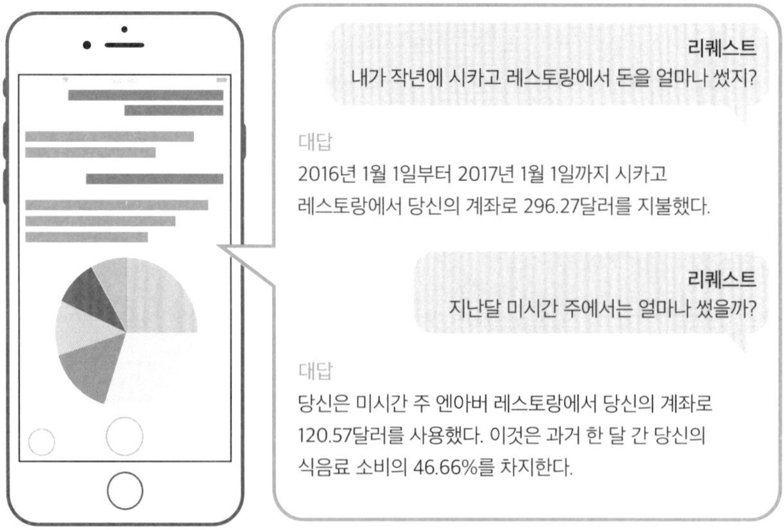

출처: USAA의 공개 자료를 바탕으로 노무라 종합연구소 작성

러닝으로 자연스러운 대화를 실현한다. 카시스토는 금융 분야에 주력하고 있으며 이 회사의 솔루션은 DBS 은행, 마스터 카드 등 여러 금융기관에서도 사용하고 있다.

최근에는 챗봇과 같은 텍스트뿐만 아니라 음성을 인터페이스로 한 아마존 알렉사나 구글 홈 등의 스마트 스피커 플랫폼의 이용도 확대되고 있다. 음성 인식을 이용한 서비스는 젊은 세대와 달리 텍스트 입력에 익숙하지 않은 이용자나 작업 등으로 손을 쓸 수 없는 상황에서도 이용할 수 있다. 그러므로 이러한 새로운 디바이스의 출현은 AI를 이용한 일상 대화가 가능하기에 기업과의 접점을 한층 확대시킬 것으로 기대되고 있다.

일본에서도 미즈호 은행이 2016년 8월에 영어판 아마존 알렉사의 기술을 활용한 서비스의 프로토 타입을 개발했다. 미즈호 은행은 2017년 11월부터 일본에서 사용자의 계좌 잔액과 입출금 이력을 읽어주는 서비스를 제공하기 시작했다.

투자, 포트폴리오 관리

투자, 포트폴리오 관리 분야에서는 로봇 어드바이저가 대두되고 있지만 AI가 투자나 포트폴리오를 고객에게 직접 조언하는 기능을 갖춘 서비스는 거의 없는 상황이다.

미국의 스타트업 기업 포워드레인ForwardLane의 AI도 고객에게 직접 조언하지 않는다. 이는 파이낸셜 플래너FP 대상의 자연언어를 활용한 인터페이스를 갖춘 AI 솔루션이다. 포워드레인을 이용하면 FP는 고객과 통화하면서 채팅으로 AI에게 조언을 구할 수 있다. 예를 들어 약속을 잡지 않은 고객에게 갑자기 전화가 온다고 해도 당황할 필요가 없다. 채팅을 통해 "이 고객에게 어떤 포트폴리오를 권해야 할까?"라고 물으면 그 고객의 현재 포트폴리오나 투자 기호 등을 고려해 권장 포트폴리오를 순식간에 제시한다. 이러한 대응은 기존에는 준비하는 데 8시간이 걸렸던 작업이다.

또한 포워드레인은 대화의 계기가 되는 화제를 다양한 정보 뉴스와 애널리스트 리포트, 기업의 결산 보고서 등에서 자동으로 추출하는 기능도 가지고 있다. 아침에 포워드레인을 실행하면 그날의 화제를 목록으로 표시한다. 그중에서 좀 더 자세히 알아보고 싶은 주제가 있으면 채팅으로 자세히 알아볼 수 있다. 아울러 그 화제에 시장이 긍정적인 반응인지 부정적인 반응인지, 반응과 관련된 종목의 시세 변동, 긍정적·부정적으로 반응하는 각각의 이유 등도 제시해준다.

이러한 정보를 FP가 스스로 모두 준비하려면 상당한 시간과 노동력이 필요하지만 포워드레인과 같은 AI 솔루션을 도입하면 언제든 AI가 답변해주는 환경을 갖출 수 있다. 그리고 FP는 이러한 준비에 투자하던 시간을 본래 충분히 시간을 투자해야 하는 고객과의 대화에 사용할 수 있게 된다. 금융기관에서의 AI 활용은 단순한 효율화뿐만 아니라 이렇듯 고객의 경험 가치를 향상시키는 데 공헌할 수 있다는 점에서 앞으로의 중요성을 예측할 수 있다.

3-5

AI에 의해 본연의 상태를 바꾸어 가고 있는

자동차

1908년에 발매되었으며 전 세계에서 1,500만 대가 판매된 T형 포드가 탄생한 지 약 100년이 지났다. 자동차업계는 현재 전동화와 자동운전의 실현이라는 대변혁 시기에 있다.

엔비디아의 AI 코-파일럿

엔비디아는 1993년에 컴퓨터 그래픽용 칩인 GPU Graphics Processing Unit 제조업체로 미국에서 탄생했다. 그 후 2000년대 후반에 발 빠르게 GPU가 가진 높은 연산 성능을 이미지 처리 이외의 분야에 적용할 수 있도록 기술을 개발했으며, 2007년에는 CUDA Compute Unified Device Architecture를 발매했다. 이것이 GPU를 범용 컴퓨팅용으로 활용하는 GPGPU General-Purpose computing on Graphics Processing Units의 보급으로 이어졌다. 그 후 딥러닝 연구의 연구 기반으로 GPGPU가 사용되고, AI 기업으로서 엔비디아의 지위가 확립되는 상황으로 이어졌다.

현재 엔비디아는 자동차 관련 기술 개발 부문에서 도요타 자동차처럼 완성된 자동차 제조업체부터 보쉬와 같은 자동차 부품 제조업체, 자동차용 소프트웨어 벤더까지 수백 개에 달하는 기업과 협업관계를 구축하고 있다. 기업들은 자신들의 미래를 좌우하는 AI 기술을 엔비디아를 통해 획득하려고 하고 있다. 게다가 엔비디아의 입지는 기존의 자동차 산업 피라미드 구조에서는 없었던 것이다. 엔비디아는 유명한 자동차 제조업체를 흡수해 스스로 에코 시스템(생태계)을 만들어내고 있다.

엔비디아는 자동차 산업을 대상으로 한 몇 개의 제품을 개발하고 있지만 그중에서도 흥미로운 것이 'AI 코-파일럿AI Co-Pilot'이다. AI 코-파일럿은 문자 그대로 운전자를 서포트하는 'AI 부조종사'이다. 열쇠 대신 얼굴 인식으로 엔진을 기동하며 차내의 카메라를 활용해 운전자의 시선을 쫓는다. 운전자가 길을 건너려는 보행자를 발견하지 못할 경우, 자동 브레이크를 걸거나 음성으로 경고한다. 자동운전 기술을 응용해 언제나 자동차의 주위 상황을 인식하고 예측해 안전한 운전을 지원한다. 드라이버와 AI 코-파일럿은 음성으로 커뮤니케이션할 수 있으며, 주행 중 노이즈가 많은 상황에서는 드라이버의 혀의 움직임을 파악해 대화를 읽어내는 '독순 기능'이 적용된다. 이러한 일련의 기능들은 1980년대 미국의 TV 드라마 〈나이트 라이더Knight Rider〉에 등장하는 히어로의 동료(인공지능)와 같다.

엔비디아는 예를 들어 드라이브를 즐기는 것 자체를 목적으로 하는 경우가 있기 때문에, 완전한 자동차 운전을 가능하게 하는 자율주행 자동차가 실용화된 이후에도 사람이 운전하지 않는 일은 없을 것으로 예상하며, AI 코-파일럿과 같은 고도화된 운전 지원 기능이 필요해질 것으로 생각하고 있다. 폭스바겐 그룹에서는 AI 코-파일럿의 실용화를 위한 개발을 진행하고 있다. 자율주행 자동차보다도 한발 빠르게 고도화된 어시스턴트 기능을 가진 자동차를 가까운 미래에 구매할 수 있을 것으로 예측한다.

엔비디아의 AI 코-파일럿 시선 트래킹과 독순 기능

출처: https://www.youtube.com/watch?v=h9npvMFI-mc

한편 엔비디아는 컴퓨터 그래픽 제조업체 차원으로 VR Virtual Reality 기술을 보유하고 있다. 이 기술로 가상공간에서 자동차를 설계하는 기술, '홀로덱Holodeck'을 개발하고 있다. 이것은 여러 명의 설계자가 매우 정교한 VR을 활용해 3D 모델을 구사하면서 구조를 설계하는 기술로, 자동차의 차체 부분에서 없애면 좋은 것들이나 계기판의 시각적 편리함 등을 실제로 시뮬레이션해 확인할 수 있다. 엔비디아는 자동차 산업의 제조 면에서도 획득할 수 있는 기술을 총동원해 개발을 지원하려 하고 있다. 이후 자동차 산업에서는 AI의 활용이 빠르게 진행될 것이며, 자동차용으로 개발된 기술이 다른 산업으로 환원될 수도 있을 것이다.

차의 고장 징후를 소리로 파악하는 3D시그널스

이스라엘의 스타트업 3D시그널스3DSignals는 기계의 고장 징후를 AI로 파악하는 기술을 개발하고 있다. 3D시그널스 기술의 특징은 진동 등 기계의 직접적인 변화를 파악하는 것이 아닌, 진동 등을 통해 간접적으로 발생하는 소리를 파악해 고장의 징후를 파악한다는 점이다.

기계 부품에 센서를 부착해 파악하는 방법과 비교해보면 더욱 광범위한 이상 징후를 한 번에 감지할 수 있다. 또한 최대 100kHz나 되는 범위까지 소리를 파악할 수 있는 초음파 센서를 사용해 사람이 일반적으로 들을 수 있는 가청역 범위인 20Hz~20kHz보다 더 많은 정보를 수집할 수 있다.

3D시그널스의 기술을 활용하는 분야 중 하나가 자동차이다. 이미 유럽의 대규모 자동차 제조업체가 앞으로의 자율주행 자동차에 적용해볼 것을 검토하고 있다. 현재는 자동차에 이상이 발생했을 때 운전자인 사람이 이상 징후를 인식해 필요한 조치를 취하고 있다.

그러나 자율주행 자동차에는 운전자가 없다. 그리고 택시와 같은 단거리 이동을 고려해보면, 10분 정도 이용할 때는 차에 이상이 있어도 승객이 그다지 신경 쓰지 않을 것이며 차의 이상 징후를 보고하지 않을지도 모른다. 그렇기에 자율주행 자동차는 고도화된 셀프 체크 기능이 있어야 한다.

3D시그널스의 기술은 공장 내의 산업기계를 비롯해 발전소의 터빈과 같은 기계식 시스템에 폭넓게 적용할 수 있을 것으로 예상된다. 자동차 애프터서비스의 고도화라는 관점에서도 고장의 전조 증상을 파악하면 적극적으로 보수 점검을 시행할 수 있을 것이며 안전성 향상과 점검 비용 축소가 모두 가능해질 것이다.

디디의 홍류연맹

중국에서 가장 큰 라이드쉐어 기업인 디디추싱滴滴出行이 2018년 4월에 홍류연맹洪流連盟, D-Alliance이라는 기업 연합을 만들었다. 홍류연맹은 카쉐어링 서비스에 잘 어울리는 전기자동차EV를 개발하는 것을 목표로 하고 있다. 이 기업 연합에는 도요타 자동차와 폭스바겐 그룹과 같은 완성된 자동차를 만드는 제조업체부터, 부품 제조업체를 비롯한 31개 업체가 참가했다. 참가 기업 중에는 중국판 테슬라라고도 불리는 EV 제조업체인 BYD를 비롯해 모터와 트랜스미션을 통합 관리하는 파워 일렉트로닉스 유닛을 통괄한 전동 파워 트레인을 지닌 독일의 콘티넨털Continental이 포함되어 있다.

디디는 2012년에 중국에서 택시 배차 서비스를 시작했으며, 그 후 라이드쉐어에 참가해 2016년에는 라이벌 관계였던 우버의 중국 사업을 인수하는 등 사업을 확대했다. 자동차 제조업체가 노리는 것은 배차로 얻은 방대한 주행 데이터이다. 홍류연맹에서는 디디가 가진 4억 5,000만 명의 데이터를 AI로 분석해 자동차에 필요한 성능과 사용 방법을 정확하게 파악하려 하고 있다. 즉 디디는 축적한 데이터와 AI로 자사의 비즈니스에 가장 적합한 차를 스스로 만들고자 하는 것이다.

자동차에 혁신을 가져온 AI

AI가 자동운전에 필수적인 기술이라는 것은 두말할 필요도 없다. AI는 EV의 보급과 함께 현재 자동차 산업에 커다란 변혁을 가져다주고 있다.

또한 가까운 미래에는 엔비디아의 AI 코-파일럿과 같은 드라이버를 AI로 서포트하는 기능이 지금의 차 네비게이션처럼 당연하게 쓰일 것이다. AI는 주행 성능과 안전성에 더해, 쾌적성을 이용자에게 제공하게 된다.

자동차 제조 면에서는 디디처럼 서비스 이용자의 방대한 데이터를 설계에 활용하는 시도도 가속화될 것으로 예측된다. AI는 자동차의 제조를 바꾸고 새로운 기능을 탄생시켜 앞으로도 이용자들에게 계속 놀라움을 안겨줄 것이다.

자율주행이 실현된 미래에는 자동차가 지금처럼 개인이 소유해 운전을 즐기는 물건이자, 한편으로는 모두가 공유하며 효율적으로 이동하기 위한 수단으로 취급될 것이다. AI의 진화는 자동차 본연의 모습까지도 바꾸게 될 것이다.

3-6

AI가 현장의 디지털화를 가속화하는

건설

AI는 설계부터 시공까지 건설 분야의 다양한 상황 속에서 활용되기 시작했다. 미래에는 AI와 로봇을 융합한 새로운 기술로 현장이 크게 바뀔 가능성도 생겨나고 있다.

스카이캐치 드론을 활용한 측량 기술

샌프란시스코의 스타트업 스카이캐치Skycatch는 드론(무인 비행기)을 사용한 측량 기술을 개발하는 기업이다. 드론으로 얻은 항공 촬영 이미지를 AI로 해석해, 오차가 겨우 1cm 이내인 정확한 3차원 측량도를 만들어낸다. 또한 이 데이터를 해석해 어제와의 높낮이 차로 토사 배출 상황을 정량적으로 측정하는 분석 서비스도 시행한다.

건설 현장의 과제 중 하나는 설계할 때의 도면과 실제 현장과의 차이다. 작업의 진행 상황에 따라 토사 반출에 필요한 트럭 대수도 달라지므로 면밀한 계획과 진행 관리는 현장의 리소스를 최대한 활용하고자 할 때 반드시 필요하다. 이 차이점을 바로잡기 위해 매일 측량을 시행하는데, 이것이 현장의 부담이 되고 있다.

스카이캐치 드론을 사용하면 매일 같은 시간에 같은 루트를 비행함으로써 정점 관측할 수 있으므로 작업 상황을 구체적으로 파악할 수 있다. 예정보다 굴삭이 늦어지고 있는 곳이 있으면 작업 인원의 재배치 또는 추가, 상황에 따라 건설기기 확보 등의 대책을 강구하는 것이다.

스카이캐치는 2018년 3월에 드론 제조로 세계를 리드한 중국의 디제이아이DJI와 공동으로 전용기를 개발해 장시간의 비행과 해석으로 만족스러운 고품질 항

● CAD의 구조 데이터에 매핑된 항공 촬영 사진

출처: skycatch, https://www.skycatch.com/gallery/

● 항공 촬영 이미지로 나무 수를 측정

출처: skycatch, https://www.skycatch.com/enterprise/

공 촬영 이미지를 획득하는 기술을 보유하고 있다. 또한 이 기체는 환경이 고르지 않은 건설 현장에서 이용될 것에 대비해 비나 모래 등의 방진 대책을 실시해 내구성을 높였다.

일본에서는 고마쓰가 스카이캐치 솔루션을 활용해 자사가 진행하는 스마트 컨스트럭션[7] 기반으로 사용하고 있으며, 실제 건설 현장에서 활용되기 시작했다. 또한 이미지 인식 기술의 응용으로 숲속의 나무 수를 세어 삼림 자원 파악에도 도움이 되는 등 용도를 확대하고 있다.

오토데스크 AI를 사용한 새로운 디자인 시도

오토데스크Autodesk는 제조업과 건설업에서 쓰이는 컴퓨터 지원 설계Computer Aided Design: CAD 소프트를 개발하는 미국의 벤더이다. 이 오토데스크는 CAD 안에서 AI와 사람이 협력해 작업하는 것을 목표로 하는데, 이는 '디자인'을 '검색Search'으로 바꾸는 '제너레이티브 디자인generative design'의 실현이다.

이것은 AI가 디자인 후보를 뽑아내고, 사람이 디자인 후보들의 평가와 선택을 반복해 설계를 진행하는 아이디어이다.

대규모 항공기 회사인 에어버스에서의 활용 사례를 예시로 꼽을 수 있다. 2018년 이후에 취항한 에어버스의 최신 A320 시리즈에는 이 방법으로 설계된 파티션인 '바이오닉 파티션'이 사용되고 있다.

사람이 파티션의 중량 · 강도 · 무게 · 외형 등의 조건을 설정하고, AI가 이 조건을 충족하는 디자인을 만 개 이상의 패턴으로 생성한 뒤, 사람이 평가해 설계를 진행했다. 최종 완성된 디자인은 3D 프린터를 사용해 성형되었으며, 에어버스의 기존과 같은 설계에 비해 약 30kg, 비율로는 45%나 경량화에 성공했다. 이는 연간 약 3,180kg이나 되는 제트 연료의 절감에 효과가 있다고 예측되고 있다.

건설에서도 오토데스크의 토론토 사무실 레이아웃 설계에 제너레이티브 디자

7 **스마트 컨스트럭션** 일본의 고마쓰가 진행하는 정보통신 기술로 건설기계 등을 연결해 현장의 과제를 해결하는 솔루션.

오토데스크 제너레이티브 디자인의 이미지

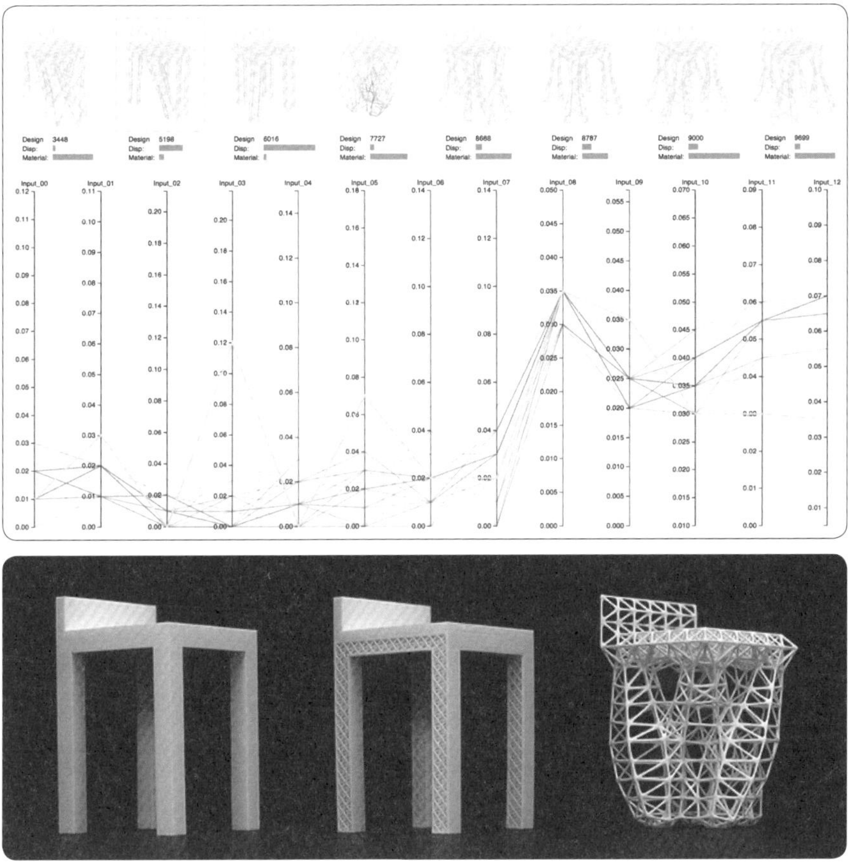

©오토데스크

오토데스크 제너레이티브 디자인의 이미지 예시: 사무실 레이아웃

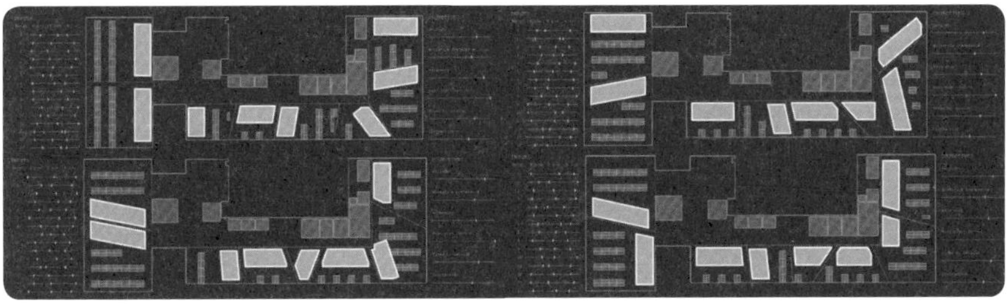

©오토데스크

인이 사용되었다. 사무실 레이아웃에서는 사람이 느끼는 쾌적함이라는 파라미터로 만들기 어려운 문제를 다루어야 한다. 여기서 효과를 발휘한 것이, AI가 만들어낸 디자인을 이 기법을 가진 사람이 평가한다는 점이다.

제너레이티브 디자인은 설계 작업의 진화 중 한 가지 진화의 방향성을 나타낸다고 할 수 있다.

AI 빌드 학습으로 성능을 높인 3D 프린터

영국의 스타트업 AI 빌드AI Build는 독자적인 3D 프린터를 개발하는 기업이다. 기존의 적층형 3D 프린터에서는 케이지 안에서 1층씩 면을 쌓아 올려 성형한다. 따라서 제조 속도가 느리며, 대형 물건은 만들 수 없었다.

AI 빌드의 3D 프린트 로봇

출처: AI 빌드, https://ai-build.com/

하지만 AI 빌드 3D 프린터에는 케이지가 없으며, 그 대신 독일의 산업용 로봇 제조업체인 쿠카KUKA가 제조하는 팔형 로봇을 사용한다. 플라스틱일 경우 글루건 등 3D 프린트할 소재가 나오는 장치를 로봇에게 장착시켜, 설계 도면에 맞추어 로봇의 팔을 제어하고 성형한다. 또한 장치에는 카메라가 장착되어 있어 이미지 인식으로 성형물과 설계도 사이의 오차를 인식할 수 있다. 이 오차를 줄이기 위해 AI가 학습을 반복해 사용하면 사용할수록 스마트한 3D 프린터가 된다.

AI 빌드의 3D 프린터 활용처 중 하나가 건설이다. 3D 프린터를 사용해 지금까지 실현이 불가능하다고 여겨졌던 복잡한 구조를 만들어낼 수 있어, 설계상의 조건을 충족하면서도 디자인성을 높일 수 있다. 또한 현장에서 건축 자재를 필요한 형태로 필요한 만큼 성형해 폐자재 발생도 제로에 가깝게 만들 수 있다.

AI 빌드 기술은 2018년 1월에 런던에서 저명한 디자이너의 부티크 인테리어를 시공할 때 실제로 활용되었다. 또한 같은 회사의 로봇을 대량으로 사용한 공장도 검토되고 있으며 제조업에서의 활용 등 이후 제품 생산과 관련된 폭넓은 분야에서 활용이 기대되고 있다.

AI가 불러온 건설업계의 디지털화

건설업계의 디지털화는 CAD 등의 컴퓨터를 사용한 설계도의 디지털화 단계부터 설계 그 자체에 AI를 활용하는 단계로 향하고 있다.

또한 현장에서 과제가 되었던 측량의 번거로움도 드론 같은 기술과 AI를 조합함으로써 자동화할 수 있게 되었다. 사례로 언급한 오토데스크와 스카이캐치는 협업관계에 있다. 아마 현장의 측량 데이터를 연계해 설계에 활용하거나 건설에서는 도면과의 차이를 체크해 조기에 문제를 해결하는 시도로 발전해나갈 것으로 기대된다.

이후에는 설계부터 시공까지의 작업이 디지털화되어 건설에 필요한 모든 데이터가 연결될 것이다. 그중에서 AI는 실제 세계에서 데이터를 추출하고 가상 세계에서 설계를 지원하는 등 상황에 따라 중요한 역할을 맡게 될 것이다.

3-7

AI가 새로운 가치를 만들어내고 있는

전력

태양광 발전과 축전지 등 전기를 만들어내고 축적하고 소비하는 일들이 늘어나면서 이들을 통합 관리하고 새로운 서비스를 만드는 역할로 AI가 주목받고 있다.

ABB의 전력업계용 솔루션

ABBAsea Brown Boveri: 아세아 브라운 보베리는 스위스에 본사를 둔 산업기계와 중공업 제품을 취급하는 기업이다. 이 회사는 1988년 합병 전 아세아Asea와 브라운 보베리Brown Boveri였던 시대부터 발전기와 변압기, 송전망 등을 오랫동안 생산해 왔으며, 뛰어난 전력 관련 기술을 가진 기업이다.

이러한 ABB가 전력업계용 솔루션으로 새롭게 시작한 것이 **가상 발전소**Virtual Power Plant: VPP 솔루션 'ABB Ability Virtual Power Pools'이다.

VPP는 주택 지붕에 부착된 태양광 발전설비와 화력 발전설비 등과 같이 전기를 만드는 시스템과 가정에서도 보급되기 시작한 전기를 모으는 축전지, 공장 등의 전기를 소비하는 설비를 통괄해 하나의 발전소로 제어하는 것이다. VPP의 참가자는 전력을 VPP 안에서 조정하거나 제삼자가 운영하는 전력거래 시장에서 판매해 수익을 얻을 수도 있다. 예를 들어 전력거래 시장을 통한 수급이 어려울 때, 전기를 새롭게 공급해 대가를 얻기도 한다. 또한 상황에 따라서는 전기의 사용도 억제해 전력의 수요 한계점 초과를 억제하는 피크컷Peak-cut에 따라 대가를 얻을 수도 있다.

VPP가 성공하기 위해 열쇠가 되는 요소 중 첫 번째는 경쟁력 있는 전원의 확보이다. 경쟁력 있는 전원은 발전과 관련된 비용을 낮출 수 있는 점과 날씨와 같은 자연의 영향을 받지 않는 점, IT 기술로 제어하기 쉽다는 점 등 여러 개의 요소로 평가된다. VPP는 전원의 다양성을 높여 전력을 거래할 때 유리한 입장에 설 수 있는 것이다. 그리고 이것들을 통괄해 조정하는 역할로 AI가 필요하다.

ABB Ability Virtual Power Pools에는 여러 개의 조정 기능이 모델화되어 있으며, 3초 간격이라는 거의 실시간으로 기기를 모니터링하는 기능이 있다. 이 솔루션은 2009년에 설립된 독일의 VPP 서비스 기업 넥스트 크라프트베르케Next Kraftwerke를 통해 적용되었다.

이 회사는 벨기에와 오스트리아, 이탈리아 등 유럽에서 서비스를 전개하고 있으며, 2018년 4월에는 4,583MW의 전력을 제어하고 5,477개나 되는 설비를 통합하고 있다.[8] 이 회사는 발전설비를 일절 보유하지 않고, 제삼자가 공급하는 전원을 제어해 얻을 수 있는 조정력 등으로 수익을 올리는 기업이다.

넥스트 크라프트베르케는 발전설비의 데이터, 전력 거래가격을 비롯해 시장 상황 등의 실시간 데이터와 기상 데이터 등을 사용해 분석한다. 분석에는 AI가 활용되어 수요 예측, 발전량 예측, 그리고 시장에서의 거래가격 예측을 작성한다. 이러한 예측은 설비의 운전 설계와 시장에서의 거래에 활용된다. 예를 들어 기상 예측으로 내일은 흐려서 태양광으로 발전할 수 없다는 걸 알게 되면 바이오가스로 발전량을 늘릴 계획을 세우는 식이다.

ABB는 AI의 더 많은 활용을 위해 2017년에 IBM과 협업했다. IBM은 2016년에 고도화된 기상 예측 기술과 기상 데이터를 보유한 더 웨더 컴퍼니The Weather Company를 인수했다. ABB가 축적한 전력업계에 관한 식견과 IBM의 힘을 더해

8 넥스트 크라프트베르케 홈페이지의 공표에 따름.

ABB Ability Virtual Power Pools의 개념도

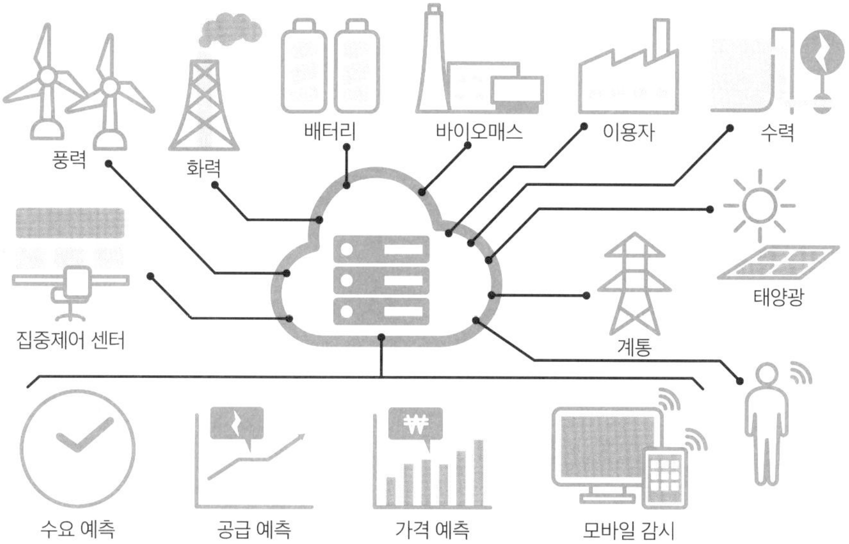

출처: ABB 일본 베이러이, http://tech.nikkeibp.co.jp/dm/atcl/news/16/030910864/?SS=imgview_msb&FD=844704815를 바탕으로 작성

전력의 수요 예측 비율 등을 높여 VPP의 솔루션을 더욱 고도화하려 하고 있다.

모익사의 시스템으로 태양광 발전과 축전지를 조합

모익사Moixa는 AI를 사용한 축전지 시스템을 개발하는 영국의 스타트업 기업이다. 모익사의 시스템은 태양광 발전설비와 축전지를 조합한 시스템이다. 낮 동안에 태양광으로 발전한 전기를 축전지에 모아 야간에 이용할 수 있을 뿐만 아니라 각 가정의 전기 소비 패턴과 설치 장소의 기상 데이터로 AI가 이후 사용량을 예측해 여분의 전기를 판매하는 시스템을 가지고 있다.

반대로 앞으로 날씨가 좋지 않아 발전을 기대할 수 없을 경우에는 야간 등 전기료가 저렴한 시간대에 축전지를 충전하고 낮에 전기를 사용해 전기료를 저렴하게 낮추는 기능이 있다. 게다가 모익사의 시스템은 VPP 서비스 기업에게 전원

모익사의 제품 사례

출처: Moixa, https://www.moixa.com/solar-battery/

리소스를 제공할 수도 있다.

축전지는 전기를 모아 수급을 조정하는 역할로 이후 보급이 기대되고 있다. 이를 뒷받침하는 것이 축전지의 가격 하락이다. 현재 가정용 축전지의 주류인 리튬이온 배터리 가격은 2010년에 비해 2016년에는 73%나 저렴해졌다.[9] 지금까지는 전력회사가 화력발전소 등의 대규모 설비를 사용해 전기를 만들어냈으며, 이용자에게 공급하는 것이 당연한 일이었다. 하지만 앞으로는 태양광 발전설비나 전기자동차의 보급으로 마을에 소형 전원이 놓이는 **분산 전원**의 시대가 찾아올 것으로 예상된다. 전원의 집중형에서 분산형으로의 이행이 시작되는 것이다.

축전지에 AI를 통한 제어 기능을 조합한 스마트폰 배터리의 개발과 서비스는 독일의 소넨Sonnen과 전기자동차를 판매하는 테슬라 산하의 파워월Powerwall도 실

9 2017년 블룸버그 뉴 에너지 파이낸스(Bloomberg New Energy Finance)에 따름.

시하고 있으며, 이후 보급될 가능성이 높은 기술이다. 이처럼 전력 조정원이 늘어나면 다채로운 요금 플랜이 등장할 것이며 이것을 총괄하는 VPP를 사용한 서비스의 가치도 높아질 것이다.

다이무라의 차세대 전기자동차

일본의 자동차 대기업 다이무라가 차세대 전기자동차EV 콘셉트로 개발을 진행 중인 것이 바로 '스마트 비전 EQ 포투Smart Vision EQ fortwo'이다. 이 EV는 카쉐어 등의 모빌리티 서비스에서의 활용을 타깃으로 삼고 있다. 다이무라는 산하에 카쉐어링 서비스인 카투고car2go를 가지고 있는데, 일부에서는 시판 소형 전기자동차를 활용하고 있다. 여기에서의 경험을 바탕으로 발전시킨 것이 스마트 비전 EQ 포투이다.

스마트 비전 EQ 포투의 특징 중 하나가 운전석이 없다는 점이다. 운전은 모두 AI의 자율주행으로 이루어진다. 또한 현재의 카쉐어링 서비스처럼 비어 있는 차를 사람이 찾는 것이 아니라 승객의 요청에 의해 자동차가 달려오는 구조로 되어 있다.

카투고는 지정구역 내에서 승하차가 가능한 '프리 플로팅형' 서비스를 채용해 편리성을 높였다. 다이무라에서는 이를 한층 더 발전시켜 자동운전을 추가함으로써 충전 중 이외에는 항상 서비스를 제공해 주차장이 필요 없는 차를 목표로 하고 있다. 이 차를 실현하려면 EV와 전력의 융합이 필요하다. EV 보급의 과제 중 하나가 EV 전기 공급을 위한 새로운 전기 공급설비와 전력망의 정비이다.

이것도 EV가 AI를 이용해 비어 있는 전기 공급설비를 스스로 찾아 충전함으로써 설비 가동률을 높여 필요 최소한의 투자만 할 수 있게 된다. 부차적인 효과로 송전망으로의 역조류를 조절하는 역할도 생각해볼 수 있다. 역조류란 개인이

다이무라의 차세대 전기자동차 콘셉트 스마트 비전 EQ 포투

©Mercedes-Benz

나 기업이 보유하고 있는 발전설비로부터 전기를 전기회사에 판매할 때 이루어지는 송전 행위로, 이것이 특정 시간이나 지역에서 겹쳐지면 전기를 팔 수 없게 될 뿐만 아니라 송전망을 조정하기가 매우 어려워진다. EV는 축전지를 쌓아두고 전기를 축적하고 전기를 수송하는 장치라고 할 수도 있다. 그러므로 산재하는 전기를 EV가 구입해 사용하거나 상황에 따라서는 송전망을 대신해 특정한 장소에서 다른 장소로 전기를 운반하는 역할을 담당하게 될지도 모른다.

AI가 전력 디지털화 효과를 이끌어내다

현재 일본의 전력업계에서는 4개의 'D'가 논의되고 있다. 구체적으로는 재생 가능 에너지의 도입 확대 등을 통한 저탄소화Decarbonazation, 대규모 발전설비를 사용한 집중형부터 전력 소비자에 가까운 장소에서 전기를 생산해 이용하는 분산화 Decentralization, 전력의 소매 자유화 등의 규제 완화Deregulation, 그리고 데

이터 수집과 분석으로 새로운 서비스를 만들어내는 디지털화Digitalization이다.

예를 들어 디지털화는 설비의 고장을 예견할 수 있으며 발전 효율도 향상시키는 효과를 거둘 수 있다. 그러나 효과는 이뿐만이 아니다. 디지털화는 이른바 다른 세 가지 D로 발생하는 과제와 새로운 비즈니스 기회를 살리기 위한 열쇠가 되는 것으로, AI도 중요한 역할을 담당하고 있다.

ABB가 진행하는 VPP의 사례에서는 조정 역할인 AI가 전력망을 안정시키고 판매를 중개해 새로운 이익을 만들어낸다. VPP의 중요한 소스가 되는 축전지에게는 AI 제어가 지금 모익사의 사례처럼 꼭 필요한 존재가 되고 있다.

다이무라의 비전으로 살펴보는 앞으로의 미래에는 AI로 자동운전이 가능한 EV가 전력과 융합할 가능성도 나타나고 있다.

3-8

AI가 진화를 촉진하는

엔터테인먼트·스포츠

TV를 통해 전 국민적인 인기를 자랑하는 방송이 등장해 누구나 같은 콘텐츠를 소비하고 즐기는 라이프스타일이 AI로 인해 변화하고 있다. 또한 스포츠에서는 선수들의 실력 향상에 AI를 활용하는 움직임이 시작되고 있다.

AI를 활용한 넷플릭스의 분석

넷플릭스Netflix는 동영상 전송 서비스를 제공하는 미국 기업이다. 전 세계에 서비스를 제공하고 있으며 2017년에는 사용자 수가 1억 명을 돌파했다. 또한 방대한 개인 데이터를 축적해 비즈니스에 활용하는 4개 기업의 대문자를 딴 FANG[10]의 일각을 이루는 기업으로도 유명하다.

넷플릭스는 1997년에 DVD를 판매하며 문을 열었다. 그 후 인터넷으로 DVD 대여 서비스를 시작했으며, 2007년에는 현재의 수익 구조인 동영상 발신 서비스를 시작했다. 인터넷의 보급, 네트워크의 고속화, 그리고 스마트폰의 등장 등 넷의 '진화'와 함께 서비스를 확충해 언제나 고객에게 맞는 최적의 시청 체험을 제공하며 성장해온 기업이다.

넷플릭스의 이용자가 크게 증가한 이유 중 하나는 집에서 시청하던 콘텐츠를 밖에서도 스마트폰으로 이어서 볼 수 있다는 편리함에 있다. 이는 인터넷의 고속화와 스마트폰과 같은 디바이스의 장점을 잘 활용한 것이다.

그리고 또 한 가지, 넷플릭스의 성장을 뒷받침한 것이 바로 시청 데이터를 활

10 FANG 페이스북, 아마존, 넷플릭스, 구글을 가리킨다. 미국의 주식 평론가인 짐 크레이머가 만든 조어이다.

용한 AI의 사용자 수요 분석이다. DVD를 판매할 때는 매출이 잘 나오는 경향을 분석해 미래에 판매할 상품들을 준비했으며, 과거의 이용 이력으로 기호를 분석해 상품을 제안해왔다.

그리고 다른 회사보다 앞서 동영상 발신 서비스를 통한 개인의 시청 패턴을 분석했다. 지금까지 어떤 작품을 봐왔는지 분석하는 것에서 한발 더 나아가 작품의 장면별로 분석을 심화시킨 것이다. 사용자가 어떤 장면을 반복해서 보는지는 물론이고, 어떤 장면에서 시청을 멈추었는지, 어떤 장면을 넘겨 보는지 등 자세한 행동을 데이터로 취득하고 있다. 이러한 데이터를 분석해 작품 단위로는 알기 어려웠던 사용자가 콘텐츠에 바라는 욕구를 파악할 수 있게 되었다.

또한 넷플릭스는 사용자 인터페이스의 지속적인 개선을 강력하게 추진하고 있다. 무작위로 선택된 사용자에게 다른 디자인의 조작 화면을 제공해 실제 이용 데이터를 취득하고 분석함으로써 더 나은 인터페이스 개발에 활용하고 있다.

더 나아가 시청 데이터를 활용한 새로운 시도를 시작하고 있다. 바로 콘텐츠 제작이다. 자체적으로 저명한 감독이나 할리우드 배우를 캐스팅해 시청자가 보고 싶은 콘텐츠를 만들어내고 있는 것이다.

넷플릭스는 2017년 콘텐츠 제작에 약 60억 달러(6조 8,000억 원)를 투자했다. 이 금액은 월트 디즈니 산하의 스포츠 콘텐츠 제작 회사인 ESPN의 뒤를 이으며, 업계 2위 규모에 해당한다. 이렇게 막대한 비용을 투자할 수 있는 것도, 확실한 데이터로 살펴본 근거를 바탕으로 한 마케팅을 시행하고 있기 때문일 것이다.

월트 디즈니 영화 제작에서의 AI 활용

월트 디즈니 컴퍼니는 테마파크 운영과 영화 제작, TV 방송국, 동영상 발신 서비스를 제공하는 미국의 종합 엔터테인먼트 기업이다.

디즈니는 콘텐츠 제작을 위한 기술 개발의 선구자라는 또 하나의 얼굴을 가지고 있다. 이는 세계 최초의 유성 애니메이션이 월트 디즈니의 〈증기선 윌리〉라는 점으로 이야기할 수 있다. 애니메이션이 컴퓨터 그래픽CG의 시대가 된 현대에도 항상 기술의 최전선에는 디즈니가 있다. 그리고 디즈니는 CG를 사용한 콘텐츠 제작에 AI를 활용하기 시작했다.

매우 섬세한 CG를 제작할 때는 광원에서 복사되는 빛의 반사 등을 시뮬레이션하는 정밀도가 관건이 된다. 광원을 출발해 물체의 면을 반사한 빛에 대해 빛의 감소를 계산하고, 빛이 확산되어 반사되는 일련의 시뮬레이션을 반복하면서 CG를 만들어낸다.

시뮬레이션의 횟수를 늘리면 CG로 물체의 표면 질감과 공간의 깊이와 같은 표현력을 더할 수 있지만, 이와 동시에 제작에 많은 시간이 소요된다. 즉 생성된 CG의 정밀도와 시뮬레이션에 필요한 시간은 트레이드 오프(하나를 얻으려면 다른 하나를 희생해야 하는 관계-옮긴이) 관계에 있는 것이다. 그래서 디즈니에서는 2016년에 공개한 전체 CG 애니메이션 영화 〈도리를 찾아서〉에서 AI를 활용해 CG를 제작했다.

구체적으로는 CG 제작 시 시뮬레이션 횟수를 줄여 제작 시간을 단축했다. 그 결과, 노이즈 생성 등 거친 부분이 눈에 띄었던 CG를 AI로 보완해 이전과 비교해 손색없는 높은 품질의 CG를 제작할 수 있었다. 이 보완 기능은 〈도리를 찾아서〉 제작용으로 개발된 AI였지만 2017년에 공개된 〈카3: 새로운 도전〉에서도 효과가 있는 것이 확인되어 이후 CG 제작에도 활용되고 있다.

디즈니에서는 이 밖에도 각본의 좋고 나쁨을 평가하는 AI와 각본을 읽고 러프한 CG 애니메이션을 자동 생성하는 AI 등 제작에 효율성을 더하기 위한 AI를 개발하고 있다.

SAP 트래킹 카메라

SAP는 기업의 회계, 고객 관리, 인사 등 기간 업무와 관련된 클라우드 서비스와 소프트웨어를 판매하는 독일 기업이다. 또한 제약과 제조, 자동차 등의 업계용 제품을 다수 제공하고 있는데, 이 회사는 2014년 스물다섯 번째 업종으로 스포츠 분야에 새롭게 뛰어들었다.

SAP의 스포츠 참여는 2014년에 열린 축구 세계 대회 FIFA 월드컵에서 큰 주목을 받았다. 이때 대회에서 우승한 독일 팀이 도입했던 기술이 바로 SAP 매치 인사이트SAP Match Insights였다.

SAP 매치 인사이트는 미사일 추적 등 군사용으로 쓰이는 기술인 트래킹 카메라를 응용해 볼의 움직임과 선수의 방향, 동작을 정밀하게 파악해 데이터화한다. 이 카메라를 사용한 데이터화에 이미지 인식 기술이 사용된다.

한 경기당 취득하는 데이터는 평균 4,000만 건에 이른다. 2014년 대회에서 독

SAP의 축구용 솔루션

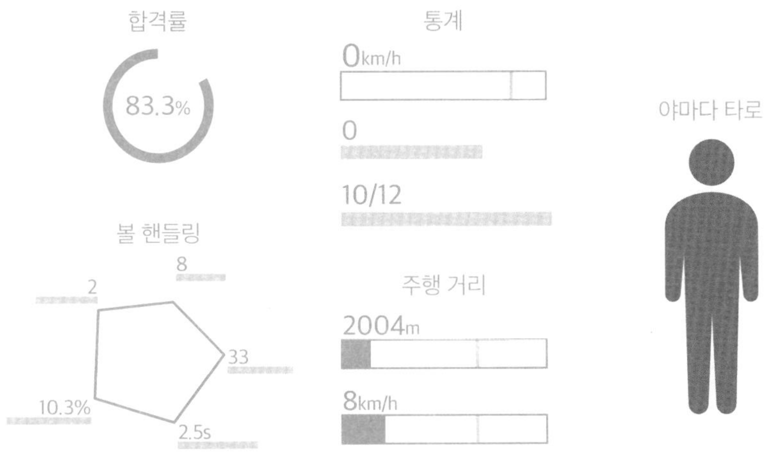

출처: https://www.youtube.com/watch?v=UqJ1x2hAK7O을 바탕으로 작성

일 팀이 데이터를 바탕으로 한 해석과 전술 설계를 진행한 결과, 선수별 볼의 점유율이 2006년 대회에서는 2.6초였던 것에 비해 우승을 거둔 2014년 대회에서는 1.0초로 단축되어 있었다. 이것은 개인의 볼 점유에서 선수들 간의 빠른 패스로 독일 팀이 목표한 전술이 변경되었다는 것을 나타낸다.

이러한 성공이 가능했던 이유는 선수의 움직임을 AI로 데이터화하고, 패스의 성공률을 높이기 위해 항상 패스 코스가 2개 이상인 포지션에 있는지 분석을 거듭하면서 선수가 단련한 결과라고 할 수 있다.

체험을 바꾸는 AI

넷플릭스의 AI 활용은 개인의 기호에 맞춘 콘텐츠 권장으로 시작해 콘텐츠를 제작하는 방법까지 바꾸려 하고 있다. 현재는 넷플릭스의 AI 활용 방법이 콘텐츠 제작을 위한 마케팅의 고도화에 지나지 않지만 디즈니의 사례처럼 제작에서도 AI를 활용하면 개인에게 맞는 애니메이션이나 영화를 즐길 수 있는 시대가 찾아올지도 모른다. 이는 엔터테인먼트가 기업을 통해 개인에게 제공되며 소비되는 것에서, 개인에 맞추어 커스터마이징된 체험으로 승화되는 현상으로 이어질 것이다.

또한 SAP의 사례에서 볼 수 있듯이 스포츠 활동을 데이터화해 분석함으로써 선수들은 자신의 행동을 피드백하고 개선할 수 있게 된다. 감독과 코치가 거듭 전달했던 전술이 구체적인 데이터로 나타나 실감 나게 전술을 체험할 수 있게 된 것이다.

언젠가는 이러한 기술들이 범용화되어 프로 스포츠 선수뿐만 아니라 누구나 이용할 수 있게 될 것이며 우리가 스포츠를 즐기는 방법 또한 변화시킬 것이다.

3-9

AI가 로봇과 융합하는

호텔

호텔업에서는 예약 관리 시스템 등에서 데이터 활용을 고도화함으로써 업무의 효율화와 이익률의 증가를 도모해왔다. 그러나 이 업계에서도 예외 없이 인력 부족이 시작되었으며, 새로운 노동력으로 로봇이 기대를 모으고 있다.

사비오크의 새로운 인력, 로봇

사비오크Savioke는 서비스 로봇을 개발하는 미국의 스타트업 기업이다. 이 회사는 호텔과 오피스에서 물건을 운반하는 자율운송 로봇 '릴레이Relay'를 만들었다. 릴레이는 사람의 허리 정도 높이의 원통형 로봇인데, 상부가 열려 그 안에 페트병이나 과자 등 적은 양의 물건을 넣을 수 있다. 또한 사람의 걸음 속도에 맞추어 자율주행하며, 장애물이 있으면 피하거나 즉시 정지한다. 이것은 초음파 센서 등을 사용해 주위 환경을 실시간으로 모니터링해 AI로 상황을 인식하고 있기 때문에 가능하다.

릴레이는 야간에 스스로 움직이면서 지도를 만드는 기능도 있다. 이 지도는 릴레이가 이동할 때 루트를 정하는 데 이용된다.

릴레이는 모든 작업을 로봇에게 맡기는 것이 아닌, 로봇을 팀의 일원으로 넣어 조직의 생산성을 높이는 것을 염두에 두고 개발되었다. 그 결과, 물건을 옮기는 역할을 맡게 되었다. 로봇에게 아직 어려운 일인 물건을 넣거나 꺼내는 작업은 사람에게 맡기며, 릴레이는 물건을 특정한 장소에서 다른 장소로 옮기는 작업에서 활약한다.

샌프란시스코의 한 호텔에서는 룸서비스에 릴레이를 활용하고 있다. 투숙객이 서비스를 요청하면 연락을 받은 직원이 전달할 물품을 릴레이 안에 넣고 배달할 방 번호를 입력한다. 릴레이는 사전에 등록된 지도 정보에 따라 필요하다면 엘리베이터를 이용해서 주문한 방으로 간다.

주문한 방 앞에 도착하면 릴레이는 투숙객에게 내선 전화를 걸어 도착했음을 알린다. 이 목소리는 마치 영화의 한 장면처럼 연출되고 있다. 릴레이를 도입한 호텔에 따르면, 릴레이를 만나고 싶어서 숙박을 하는 손님들도 있으며 직원들 사이에서도 애칭으로 불리며 투숙객과 직원 모두에게 사랑받고 있다고 한다.

사비오크의 CEO인 스티브 쿠신Steve Cousins은 과거에도 로봇 개발에 참여한 적이 있다. 바로 윌로 개러지이다. 윌로 개러지는 로봇의 기술 개발이 목적인 미국의 스타트업 기업이다.

그 성과 중 하나가 'PR2'라는 연구 개발을 위한 로봇을 세상에 내보낸 것이다.

사비오크의 릴레이

©Savioke

PR2는 이미지 인식을 위한 카메라, 작은 물건을 들어 올릴 수 있는 두 팔, 그리고 자율주행할 수 있다는 점 등으로 전 세계의 연구 개발 기관에서 이용되고 있다. 그리고 또 하나의 성과가 로봇용 소프트웨어 패키지인 ROS Robot Operating System 를 개발해 오픈소스로 공개한 것이다.

ROS는 오픈소스 오퍼레이팅 시스템인 리눅스Linux 상에서 센서와 같은 드라이버를 더해 인식 기능, 계획 기능, 제어 기능 등 로봇 개발에 필요한 기능을 개발하기 위한 라이브러리를 패키지로 만든 것이다.

아쉽게도 설치만 하면 로봇이 움직이는 완성된 제품은 아니지만, 로봇 개발에 필요한 환경을 백지부터 만들어내는 것보다는 개발 공정을 줄일 수 있다.

사비오크에는 윌로 개러지에서 개발에 참여했던 엔지니어들도 합류했다. 그리고 ROS 등 소프트웨어 기술을 조합해 AI를 활용한 뛰어난 인식 기능을 가진 실용 로봇을 개발하는 데 성공했다.

H.I.S.의 헨나 호텔

헨나Henn na 호텔(일본어 의미로는 '이상한 호텔')은 여행을 기획 판매하는 H.I.S.가 운영하는 호텔이다. 이 호텔은 첨단 기술을 활용한 최고의 생산성과 쾌적함을 추구하고 있다.

객실 타입에 따라 에어컨 대신 몸에 좋다고 알려진 복사패널을 사용한 공조설비가 설치되어 있기도 하며, 얼굴 인증을 활용한 도어록을 사용하고 있다. 또한 별명이 로봇 호텔인 것처럼 프런트 등에 로봇을 활용하고 있다는 점도 다른 호텔에서는 볼 수 없는 특징이다.

헨나 호텔은 2015년에 72개의 객실을 갖춘 호텔로 나가사키 하우스텐보스 옆에서 문을 열었으며, 당시 겨우 10명의 직원으로 운영되었다. 이 인원수는 H.I.S.

가 운영하는 기존 호텔의 3분의 1 수준인데, 로봇의 활용이 얼마나 효율적인지 알 수 있다. 이후 72 객실을 추가해 총 144 객실로 호텔을 확장했지만 직원 수는 그대로 유지되어 생산성이 2배로 높아졌다. 로봇 도입을 통한 효율화를 꾸준히 진행해 이후에는 직원 수가 3명 정도로 줄어들 예정이다.

헨나 호텔이 성공한 이유 중 하나는 사람과 로봇을 적절히 조합했다는 점에 있다. 로봇에는 음성 인식과 이미지 인식을 도입해 미래의 무인화를 겨냥한 시도가 이루어지고 있다. 그러나 안내계나 프런트 등 사람과의 대응은 현재의 AI에게 난이도가 높은 일이며 절대로 쉬운 일이 아니다. 따라서 언제든 사람이 AI 대신 대응할 수 있도록 카메라를 설치해 연계할 수 있는 시스템을 도입하고 있다. 즉 평소에는 가급적 로봇에게 일을 맡기지만 대응이 어려운 불가피한 상황이 닥치면 언제든 사람이 지원할 수 있는 시스템을 구축하고 있다. 사람의 노동력을 전혀 사

헨나 호텔의 프런트

©H.I.S. 호텔 홀딩스주식회사

용하지 않을 수는 없지만 1명의 직원이 로봇과 시스템을 활용해 여러 명의 투숙객을 접객할 수 있어 생산성을 높이는 데 성공했다.

AI, 사람과 로봇의 공존을 꾀하다

지금까지의 로봇은 공장 등 생산 현장에서 사용되던 용접 로봇 같은 산업용 로봇이 중심이었다. 하지만 AI와 로봇이 융합해 음성 인식과 이미지 인식 등 고도화된 인식 기능을 갖기 시작했으며 우리의 생활 속에 로봇이 조금씩 진출하고 있다. 사람과 음성을 통해 커뮤니케이션할 수 있는 기능, 사람과 부딪히지 않고 이동할 수 있는 기능 등 로봇이 할 수 있는 일은 앞으로도 늘어날 것이다.

이미 사람의 표정과 목소리, 몸짓 등으로 상대의 감정을 매우 정밀하게 인식하는 일도 기술적으로 가능해지고 있다. 상황을 파악하는 인식 기능과 함께 사람이 사용하는 말을 인식하는 자연언어 처리가 진화해 대화 기술이 크게 향상되면, 미래에는 접객 센스까지 겸비한 놀라운 로봇이 등장할지도 모른다.

3-10 AI가 데이터를 효과적으로 활용하게 하는 의료

AI는 첨단 의료 현장에서 방대한 데이터 가운데 환자에게 효과적인 치료법 후보들을 찾아내거나 새로운 치료제를 찾아내기 위한 실마리가 되어 활용되고 있다.

IBM의 왓슨

IBM은 '왓슨Watson'을 개발했으며, 대기업이 AI를 주로 연구하는 계기가 된 기업이다. 왓슨은 자연언어 처리 기술과 기계학습 기술을 사용해 텍스트 같은 비구조 데이터에서 사람에게 가치 있는 통찰을 끌어내기 위한 시스템으로 개발되었다.

현재 왓슨은 브랜드화되었으며, 이미지 처리와 분석 등의 기능을 라인업에 추가해 AI를 개발하기 위한 커다란 하나의 플랫폼이 되었다. 그리고 IBM이 왓슨을 사용한 솔루션의 중점 영역으로 정한 분야 중 하나가 의료 분야이다.

왓슨을 활용한 의료 솔루션이 일본에서 일약 주목받게 된 것은 도쿄 대학교 의과학연구소와 IBM이 2015년에 발표한 임상 연구의 성과이다. 이 의료 솔루션은 악성 림프종과 백혈병 등 혈액 종양 등에 관한 2,000만 건 이상의 논문과 1,500만 건 이상의 치료약 특허를 학습한 것으로, 환자의 세포에서 추출된 게놈 정보를 바탕으로 유전자의 특징에서 질환의 가능성, 효과가 기대되는 치료제 후보를 도출할 수 있다. 왓슨을 사용해 효과적인 치료제 후보를 찾아내기도 했고, 이는 의사의 신속한 치료로 이어졌다. 왓슨은 사람이 해석하려면 2주 정도가 필요했던 과정을 겨우 약 10분으로 단축하는 데 공헌했다.

IBM은 2015년에 의료기관과 제약회사용 X-ray 사진 등 의료용 데이터를 취급하는 전문 기업인 미국의 머지 헬스케어Merge Healthcare라는 회사를 인수했다. 그 후 머지사가 가진 의료기관용 데이터 관리 기능에 왓슨을 통합해 'IBM 왓슨 헬스Watson Health'라는 솔루션을 개발했다. 그 결과 대량의 의료 데이터 속에서 병변이라고 추측되는 부분을 왓슨이 발견하고 의사에게 확인을 요구해 진단을 지원할 수 있게 되었다.

IBM은 의료기관과 왓슨을 사용해 저명한 암 전문 의료기관과 함께 '왓슨 포 온콜로지Watson for Oncology'라는 전자 진단서의 정보를 바탕으로 치료 방침을 세우는 시스템을 개발했다. 이로써 암 치료 가이드라인에 따른 제안이 가능해졌으며, 전문 의료기관이 가진 노하우가 왓슨에 내장되어 활용되기 시작하고 있다.

베네볼렌트 AI 제약 시스템

베네볼렌트Benevolent AI는 AI를 이용해 약품을 개발하는 영국의 스타트업 기업이다. 새로운 약이 탄생하려면 후보가 되는 화합물의 발견부터 동물 실험, 그리고 임상 시험을 거치기까지 10년, 길게는 20년 가까운 세월이 필요하며 개발 비용이 수천억 원에 달하는 경우도 드물지 않다. 또한 타깃이 되는 화합물은 효능을 비롯해 부작용의 유무와 같은 안전성, 그리고 생산의 간편성 등 경제성을 고려해 수십만 개 이상의 후보 중에서 선별된다. 베네볼렌트 AI는 효과가 예측되는 화합물 후보를 빠르고 정밀하게 발견하는 방법을 AI로 실현하고 있다.

베네볼렌트 AI 시스템은 생명과학 등 의료 분야에 관한 논문을 읽고 질병의 원인이 되는 유전자의 특징과 약의 후보가 되는 화합물에 관한 특징을 학습한다. 이를 통해 매일 투고되는 논문들 속에 묻혀 제약 후보에서 누락된 유망한 물질들을 발견해낸다.

베네볼렌트 AI 시스템은 이미 근위축성측색경화증, 파킨슨병 등의 치료제 개발에 사용되고 있다. 근위축성측색경화증의 대응에서는 다섯 종류의 화합물 후보를 찾아냈는데, 그중 네 가지는 지금까지 연구자들이 생각지도 못한 물질이었다. 의료 분야는 여러 방면에 걸쳐 있기 때문에 자신의 전문 영역을 뛰어넘는 횡단적인 논문을 살펴보기가 쉽지 않다. 이러한 관점에서 전문가 대신 방대한 논문 속에서 후보를 선별해내는 AI의 기능은 새로운 약을 만들어낼 때 유효한 수단 중 하나라고 할 수 있다.

지멘스 헬시니어스의 정밀 의료

지멘스 헬시니어스Siemens Healthineers는 독일의 기계 제조업체, 지멘스의 의료기기 부문이 분리 독립한 기업이다. 이 회사에서는 '프리시즌 메디슨(정밀 의료)'에서의 AI 활용을 진행하고 있다. 정밀 의료는 환자 개인에 맞춘 가장 적합한 치료법을 지향한다.

지멘스 헬시니어스가 정밀 의료를 위한 대응 중 하나로 시작한 것이 'CT Computed Tomography: 컴퓨터 단층 촬영'의 고도화이다. CT는 신체의 횡단 이미지를 촬영하는 방법이며, 같은 기능을 가진 'MRI Magnetic Resonance Imaging: 핵자기 공명 이미지'에 비해 짧은 시간 안에 촬영할 수 있는 장점 등이 있다. 그러나 CT는 엑스선을 이용하기 때문에 검사 시의 피폭선량을 억제할 필요가 있다.

CT 조정은 방사선 기사가 피험자의 체격에 맞추어 실시한다. 이때의 포인트는 조사되는 방사선이 수렴되어 가장 강해지는 아이소센터의 위치이다. 아이소센터가 가장 적합하다고 여겨지는 장소에서 어긋나면, 피폭선량이 늘어나거나 촬영 이미지가 선명하지 않은 등 악영향이 나타난다. 따라서 지멘스 헬시니어스에서는 AI의 이미지 인식을 응용해 피험자의 체격에 맞추어 CT 조정을 자동화하는 기능을 개발했다. 이는 CT에 장착해 사용하는 FAST Fully Assisting Scanner Technologies 3D 카메라라는 장치이다.

FAST 3D 카메라는 적외선을 사용한 심도 센서에 의한 장치로, 피험자의 신장을 측정해 3차원 데이터로 체형을 취득한다. 또한 두부를 인식해 피험자가 올라타 있는 방향이 반대로 되어 있다면 방향 수정을 요구해 검사 실수를 방지한다. 카메라로 취득한 데이터를 AI가 해석해 피험자에게 가장 적합하다고 여겨지는 포지션을 자동으로 조정한다. 이로써 필요한 준비를 신속화하고 가장 적합한 포지션을 획득해 피폭선량을 억제하면서도 매우 정밀한 촬영을 할 수 있다.

지멘스 헬시니어스에서는 MRI 촬영 시에 과제가 되는 호흡의 영향을 줄이는 기술도 개발하고 있다. 이 기술은 피험자가 장치에 맞추어 숨을 멈추는 것이 아닌, 장치가 피험자의 호흡을 인식해 촬영을 조정하는 기술이다. 지멘스 헬시니어

지멘스 헬시니어스 FAST 3D 카메라와 CT 장치

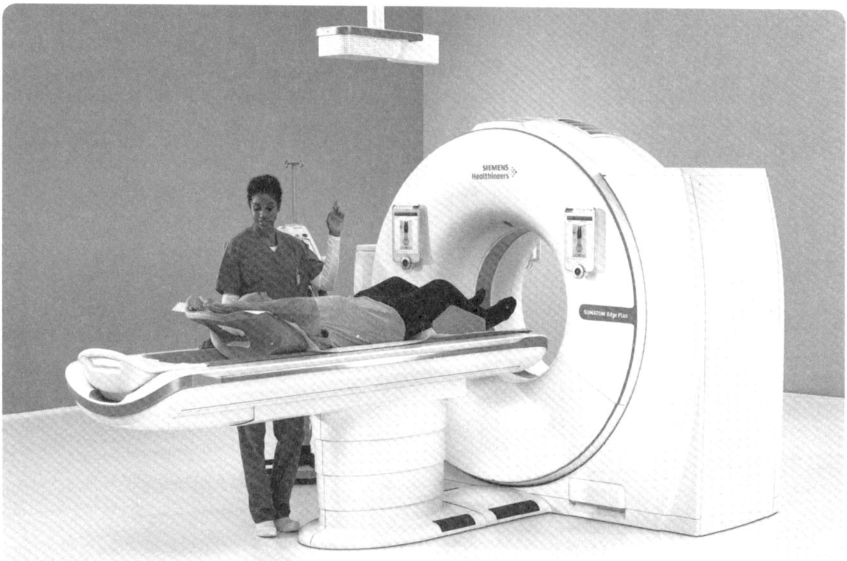

이미지 제공: 지멘스 헬시니어스주식회사

스에서는 센서나 AI 등의 기술을 응용해 피험자의 부담이 적은 검사, 더 나아가 개인에게 맞는 최적의 치료를 위한 기술 개발을 계속하고 있다.

사람의 능력을 확장시키는 AI

의료는 사람의 생사에 관련된 문제를 취급하는 일이기에 확실성이 필요하다. 병에 걸린 원인과 요인을 분석해 환자에게 맞는 치료 계획을 세울 때, 반드시 치료 효과가 가장 높은 수단이 선택된다고 볼 수는 없다. 여기에는 의사의 경험과 지식에 근거한 진단이 필요하다.

그러나 사람이 학습해 얻을 수 있는 능력에는 한계가 있다. 한편 AI는 학습에 필요한 데이터를 갖추고 적절한 학습 수단이 AI에게 주어진다면 사람의 능력으로는 도저히 불가능한 영역의 광범위한 지식을 얻을 수 있다. 따라서 의료 분야에서는 의사를 도우며 시사점을 끌어내는 역할로 AI가 사용되고 있다. AI가 방대한 정보를 정리하는 역할을 담당하고 의사가 그 정보에서 통찰을 끌어내는 것이다.

3-11

AI가 제조업을 혁신하는

제조

제조업에서도 AI의 활용이 본격화되고 있다. AI와 융합한 로봇이 공장의 생산성을 높이고 AI로 기계의 고장 징후를 파악할 수 있게 된 것이다. 미래에는 제조업의 모습 또한 달라질 가능성이 커지고 있다.

화낙의 필드 시스템

화낙FANUC은 공장의 생산 현장에서 사용되는 생산용 로봇과 공작기계용 제어 시스템 등을 제조하는 일본의 전자기기 제조업체이다. 공장의 자동화에 필요한 CNC Computerized Numerical Control와 같은 제어기기와 로봇, 라인의 설계까지 폭넓은 기술을 개발하고 있다. 또한 수천 대나 되는 로봇을 자사의 공장에 도입해 로봇이 로봇을 조립하는 최첨단 FA Factory Automation를 실천하는 기업이다.

화낙이 목표로 하는 것은 '고장 나지 않으며, 고장 나기 전에 알리고, 고장 나도 바로 고칠 수 있는' 제품의 개발이다. 높은 신뢰성을 자사의 내부 제작 부품과 서비스로 실현해왔다. 이 회사의 정신을 고도화하고 현장에서의 간편한 사용을 추구하는 것으로 한층 더 발전하도록 개발된 것이 제조업용 오픈 플랫폼, 'FIELD FANUC Intelligent Edge Link and Drive system'이다. 이 시스템의 개발에는 일본의 스타트업 기업인 프리퍼드 네트웍스Preferred Networks가 협력했는데, 이 회사에서 개발한 AI를 적용했다.

필드 시스템은 제조업에서 사용되는 로봇부터 공작기계, 제어 시스템, 감시 시스템 등 화낙의 제품 여부와 관계없이 폭넓은 제품과 연계 가능한 아키텍처이다. 또한 2000년대 기기부터 최신 기기까지 세대를 뛰어넘은 기기에 대응할 수 있다는 점도 특징이다.

필드 시스템은 기계와 기기가 생성하는 데이터를 사용해 가시화함으로써 생산 활동을 시각화하고 축적된 데이터를 AI로 해석해 고장 징후 검지 등 고도화된 서비스를 실현할 수 있다. 또한 타사 기업이 같은 시스템 상에서 독자적인 서비스를 개발하는 것도 가능하다.

이 밖에도 화낙은 AI와 산업용 기기를 융합한 장치를 개발하고 있다. 예를 들어 외관 검사용 로봇을 들 수 있다. 로봇의 팔 끝에 카메라를 장착해 검사 대상인 제품을 회전하며 촬영한 이미지를 AI로 해석하고 어긋남이나 균열, 도장에 얼룩이 없는지 등을 확인한다. 화낙에서는 미래에 외관 검사로 얻은 정보를 제조용 로봇으로 피드백해 학습시킴으로써 생산활동을 스스로 개선하는 로봇 시스템의 구

화낙의 외관 검사용 로봇

©화낙주식회사

축을 생각하고 있다. 이것이 실현되면 공장 전체가 마치 지능을 가진 것처럼 스스로 개선을 반복하는 시스템이 가능해진다.

화낙은 내부 시스템으로 완성한 신뢰성 높은 로봇기기들을 비롯해 오픈 플랫폼으로 개발한 필드 시스템으로 고객, 파트너 기업, 그리고 라이벌 기업의 제품도 끌어들여 차세대 생산 시스템의 개발을 시작하고 있다.

사이트 머신의 데이터 해석 플랫폼

사이트 머신Sight Machine은 AI를 사용한 제조업용 분석 클라우드 서비스를 제공하는 미국의 스타트업 기업이다. 예를 들어 공장에서 생산된 방대한 데이터를 AI로 해석해 제품 품질의 열화 원인이라고 여겨지는 항목을 발견할 수 있다. AI가 사람의 손으로는 파악하기 어려운 방대한 데이터에서 데이터 간의 상관관계를 추출하고, 사람이 지식과 경험으로 상관관계 속에 숨겨진 인과관계를 도출함으로써 근본 원인을 탐색한다. AI와 사람이 협력해 신속하게 문제를 해결할 수 있게 된 것이다.

사이트 머신은 여러 곳의 생산 거점을 가진 기업에서 같은 생산 장치를 사용하면서도 미묘하게 다른 전력 사용량과 모터의 회전 수 등 기기의 데이터 차이로 발생하는 품질 열화의 원인을 파악하는 데도 이용할 수 있다. 산업기기만의 과제라고 할 수 있는 기기별 사양의 차이에 대해서도 독자적으로 대응해 데이터 수집을 수월하게 하고 있다. 또한 데이터를 해석하는 데 필요한 전처리인 데이터 클렌징 작업을 자동화하는 데 기계학습 등 AI 기술이 사용되고 있다.

사이트 머신은 제조업의 서비스화를 목표로 꾸준히 개혁하고 있는 GE로부터 출자를 받았으며, 이 회사의 IoT 플랫폼인 프리딕스Predix 상에서 축적된 데이터를 사용해 해석이 가능하다.

사이트 머신의 솔루션

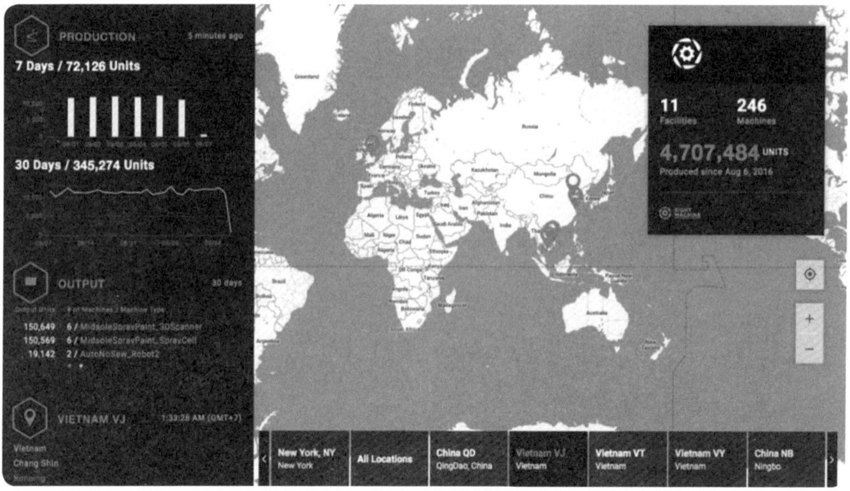

출처: Sight Machine, https://sightmachine.com/product/ema/

본사이에 의한 시뮬레이션 소프트웨어와 심층 강화 학습 플랫폼의 융합

본사이Bonsai는 제조업용 AI 플랫폼을 개발하는 미국의 스타트업 기업이다. 이 회사의 강점은 심층 강화 학습을 활용한 솔루션이다. 강화 학습은 행동의 결과로 얻어지는 보상을 최대화하기 위한 규칙을 시행착오를 통해 획득하는 방법이다. 또한 심층 강화 학습은 강화 학습에 딥러닝(심층학습) 아이디어를 적용한 것이다. 심층 강화 학습은 이미 로봇의 제어와 마케팅, 금융거래 등 시시각각 변화하고 있는 상황에 맞추어 행동을 결정하는 데 사용되고 있다.

심층 강화 학습을 활용하려면 실제 기기를 사용해 시행착오를 거쳐 얻은 피드백으로 학습을 하거나 실세계를 충실히 재현한 시뮬레이션이 필요하다. 특히 시뮬레이터를 사용한 방법에서는 시뮬레이터의 완성도가 알고리즘의 완성도를 좌우하기 때문에 학습을 위한 환경을 정비하기 곤란한 경우도 있다.

본사이는 제조업 등의 분야에서 사용해온 시뮬레이션 소프트웨어에 착안해 사람이 시뮬레이터를 사용하는 대신, AI가 시뮬레이터를 사용해 파라미터를 최적화하는 방법을 고안해냈다.

예를 들어, 본사이는 매트랩MATLAB에 적용해 이용할 수 있다. 매트랩은 과학기술 연산에 적용될 수 있는 알고리즘의 개발부터 데이터 해석, 더 나아가 전기회로의 시뮬레이션까지 폭넓은 목적에 적용할 수 있는 소프트웨어 패키지이다. 본사이의 AI 모듈을 매트랩에 조합해 사람이 회로 설계를 하는 대신, AI가 조정을 반복해 전류와 전압 등 회로 설계에 필요한 파라미터를 최적화한다.

본사이는 이와 같은 접근으로 로지스틱스 시뮬레이션 소프트웨어인 애니로직AnyLogic에 대응하거나 유체 시뮬레이션 소프트웨어인 앤시스ANSYS와 조합해 이용할 수 있다.

본사이는 2018년 6월에 이전부터 관련 회사를 통해 출자를 받고 있던 마이크로소프트에게 인수되었다. 이후에는 마이크로소프트의 플랫폼인 애저Azure에 통합되어 마이크로소프트의 IoT 플랫폼을 차별화하기 위한 기능으로 활용될 것으로 예상된다.

AI는 설계, 생산, 서비스 모든 것과 관계를 맺는다

제조업에서는 미국의 인더스트리얼 인터넷Industrial Internet과 독일을 중심으로 시작된 인더스트리 4.0을 시작으로 데이터 활용에 대한 의식이 높아지고 있지만 방대한 데이터를 해석해 가치 있는 식견을 끌어내는 작업은 쉽지 않았다.

그러나 AI가 이 과제를 해결하려 하고 있다. 예를 들어 AI가 생산설비에 발생한 장애의 전조를 검지해 계획적인 보전을 가능하게 하며, 갑작스러운 다운타임을 미연에 방지해 생산성을 올리고 있는 것이다.

이 밖에 AI의 활용이라는 관점에서 살펴보면, 제품 설계에 필요한 시뮬레이션을 사람을 대신해 AI가 조정하고 AI와 융합된 로봇의 활용이 공장의 생산 현장에서 확대되고 있다.

이후에는 제품 판매 후에 사용자로부터 얻은 데이터를 해석해 미래의 제품 개발에 필요한 통찰력을 얻는 데도 AI가 사용될 것이다. 설계부터 제조, 그리고 서비스를 비롯한 제품의 라이프 사이클 전체에 AI가 어떤 형태로든 관여해 제조업을 변화시키는 원동력이 될 것이라고 예상한다.

COLUMN

아마존 이펙트

아마존 이펙트Amazon effect란 아마존이 업종, 업태를 뛰어넘어 기존의 산업이나 시장을 삼켜버리는 현상을 의미하는 조어이다.

아마존은 EC Electronic Commerce: 전자상거래의 제품군을 서적에서 가전, 일용품, 신선식품으로 확대해왔다. 이로써 동네의 개인 상점이 사라졌으며, 2018년에는 미국에서 장난감 전문점인 토이저러스Toys'R'us가 70년 역사의 막을 내리는 등 지역 경제와 기업에 영향을 미치고 있다. 또한 클라우드 서비스인 AWS Amazon Web Service와 고급 식료품 슈퍼마켓인 홀푸드 마켓Whole Foods Market을 인수한 뒤 경영에도 나서는 등 사업의 다각화를 진행하고 있다. 따라서 영향을 받는 분야들이 점차 늘어날 것으로 예상된다.

아마존의 경영 상황은 우선 결산서로 살펴볼 수 있다. 아마존의 2017년 매출은 1,778억 달러(약 201조 원)였다. 이는 2016년과 비교해 30%나 증가한 수치이며, 계속 가파른 성장을 이어가고 있다는 것을 나타낸다. 매출 구성으로는 미국의 인터넷 통신판매 관련 매출이 1,061억 달러(약 120조 원), 그 외 나라에서의 매출이 542억 달러(약 61조 원), 그리고 AWS의 매출이 174억 달러(약 19.7조 원)였다.

한편, 소매업 라이벌인 월마트의 매출은 전 세계적으로 5,000억 달러(약 566조 원), 아마존과의 주요 경쟁지인 북미에서의 매출은 3,185억 달러(약 360.5조 원)에 이르렀기에 월마트의 매출은 실제로 아마존의 3배나 된다는 계산이 나온다. 그러나 2018년 7월 2일 시점 주가로 두 회사를 비교하면 월마트의 시가 총액이 2,478억 달러(약 280.5조 원)인 것에 비해 아마존이 8,315억 달러(약 941.3조 원)가 되어 약 3배 이상의 차이를 보인다. 아마존에 대한 투자자들의 기대가 얼마나 큰지 알 수 있는 대목이다.

아마존이 투자자들의 지지를 받는 배경에는 최근 진행 중인 적극적인 기술 개발이 있다. 이것은 결산서인 '운영 경비Operating expenses' 안에 있는 'Technology and content' 항목에 잘 나와 있다. 금액으로는 2017년에 226억 달러(약 25.6조 원)에 이른다. 이 항목에는 스마트 스피커인 아마존 에코, 계산대가 없는 점포로 새로운 고객 체험을 창조한 아마존 고Amazon Go 등 아마존이 아마존인 이유라고도 할 수 있는 테크놀로지를 위한 수많은 연구 개발 비용이 포함되어 있다. 이 투자로 아마존의 뛰어난 로지스틱스 시스템과 다른 기업이 전전긍긍하는 위협적인 서비스를 차례차례 개발하고 있다.

아마존의 결산서에는 또 하나의 특징이 있다. 바로 이익의 원천이다. 아마존은 북미 지역 단일체로는 이익이 조금 발생하고 있지만 전 세계를 대상으로 한 인터넷 통신판매 사업에서는 적자를 보고 있다. 이를 보완하는 것이 AWS이다. 아마존은 사실상 AWS로 창출한 이익으로 인터넷 통신판매를 지탱하고 있는 것이다. 그러나 인터넷 통신판매로 수집한 방대한 데이터는 결산서 숫자에 나타나지 않은 숨겨진 자산이다. 지금 이 순간에 어떤 물건이 팔렸으며 누가 무엇을 구매했는지, 개인 정보를 전 세계에서 계속 수집하고 있다. 이 데이터는 아마존의 매출에 공헌하며 EC 플랫폼으로서의 입지를 공고히 할 것이다. 또한 아마존에 출점하는 기업과의 독자적인 브랜드 상품 개발에 사용되는 등 다른 회사와의 차별화를 위한 무기로 사용되고 있다.

아마존은 AI 개발에도 적극적으로 착수하고 있다. 잘 알려진 사례로는 아마존 에코에 탑재된 음성 인식과 대화 처리, 음성 합성을 시행하는 알렉사 보이스 서비스Alexa Voice Service가 있다. 또한 AWS에는 이미지 인식 서비스인 아마존 레코그니션Amazon Rekognition과 음성 인식 서비스인 아마존 트랜스크라이브Amazon Transcribe 등의 API가 갖추어져 있어, 이러한 API를 활용해 서비스를 개발할 수도 있다. 보다 본격적인 개발로는 아마존이 개발에 투자하고 스스로 자사의 AI 서비스에 이용하고 있는 MXNet이라는 딥러닝 프레임워크를 사용해 개발할 수도 있다. MXNet은 원래 미국의 카네기멜론 대학 등에서 개발한 소프트웨어로, 학습처럼 방대한 계산이 필요할 때 컴퓨터 리소스를 효율적으로 확장할 수 있는 확장성이 뛰어난 프레임워크로 등장했다. AI의 개발, 실행 환경용으로도 AWS에 공세를 취하고 있는 아마존에게는 스스로 AWS의 메리트를 체감한다는 목적에서도 가장 적합한 프레임워크였다고 할 수 있다. 이 밖에도 AI에 필요한 데이터를 만들어내는 역할로 아마존의 크라우드 소싱 마켓 플레이스인 아마존 미케니컬 터크Amazon Mechanical Turk는 연구자부터 기업까지 폭넓게 AI 개발에 이용하고 있다.

또한 아마존은 AI를 사용한 서비스를 이용해 스스로 비즈니스를 확대하는 기업이면서, AWS를 통해 사람인 AI 개발자를 제외하고는 AI에게 필요한 리소스를 대부분 제공할 수 있는 기업이 되고 있다. 높은 기술력과 방대한 개인 데이터, 그리고 미래를 예견하는 비즈니스 센스로 아마존의 행동은 시시각각 주식 시장에 영향을 끼치고 있다. 아마존으로 인해 가장 위험에 노출되어 있다고 여겨지는 미국의 소매업과 관련된 주요 주식 종목의 거래 동향으로 산출하는 '아마존 공포 종목 지수Death by Amazon'라는 것이 있다. 문자 그대로 아마존으로 실적 악화에 내몰릴 가능성이 있는 기업을 모아놓은 것으로, 라이벌인 월마트와 메이시스 백화점이 포함되어 있다. 그러나 영향은 이미 소매업계에 그치지 않고 있다. 아마존 이펙트라는 표현이 나타내는 바와 같이 아마존의 일거수일투족에 대한 다음과 같은 주식 시장의 반응이다.

2018년 1월에 아마존은 미국의 투자회사인 버크셔 해서웨이Berkshire Hathaway Inc. 등과 헬스케어에 관한 새로운 회사를 설립했다. 이는 아마존이 보험업에 뛰어드는 걸 투자자에게 연상시켜 보험 관련 주가를 하락시켰다. 그리고 2018년 6월에는 미국의 온라인 조제약국인 필팩PillPack을 인수했다고 발표했다. 이때는 의약품 도매 기업의 주가는 물론이고 의료 관련 주식 종목의 가격이 대부분 하락했다.

다음에 아마존이 뛰어들 분야가 어디인지는 확실하게 알 수 없다. 그러나 이것이 지금까지는 존재하지 않았던 '아마존 은행', '아마존 보험'일 가능성과는 무관하게 관련되는 업계에

아마존의 2017년 결산서에서 보이는 연구 개발비

	Year Ended December 31,		
	2015	2016	2017
Operating expenses:			
Cost of sales	$ 71,651	$ 88,265	$ 111,934
Fulfillment	13,410	17,619	25,249
Marketing	5,254	7,233	10,069
Technology and content	12,540	16,085	22,620
General and administrative	1,747	2,432	3,674
Other operating expense, net	171	167	214
Total operating expenses	$ 104,773	$ 131,801	$ 173,760
Year-over-year Percentage Growth:			
Cost of sales	14%	23%	27%
Fulfillment	25	31	43
Marketing	21	38	39
Technology and content	35	28	41
General and administrative	13	39	51
Other operating expense, net	28	(2)	28
Percent of Net Sales:			
Cost of sales	67.0%	64.9%	62.9%
Fulfillment	12.5	13.0	14.2
Marketing	4.9	5.3	5.7
Technology and content	11.7	11.8	12.7
General and administrative	1.6	1.8	2.1
Other operating expense, net	0.2	0.1	0.1

출처: Amazon Annual Report 2017을 바탕으로 작성

커다란 변화를 초래할 것은 확실하다고 생각한다.

당분간은 아마존의 동향이 계속 주목될 것이다. 아마존이 가져다준 변화가 일반 소비자에게 가치 있는 변화이기를 바랄 뿐이다.

AI 개발의 구조와 포인트

오늘날의 AI 개발에는 하드웨어는 물론이고 학습에 필요한 데이터를 획득하기 위해 크라우드 소싱을 활용하는 등 기존 IT 서비스와 다른 리소스가 필요해지고 있다. 또한 데이터 사이언스 등을 통해 개발되었던 수치 계산 라이브러리를 비롯해 AI 연구의 성과로 만들어진 프레임워크 등도 빼놓을 수 없다.

4장에서는 AI 개발의 흐름을 설명하고 하드웨어와 소프트웨어, 이용할 수 있는 서비스 등을 찾아 구체적으로 소개할 것이다.

CHAPTER 4

4-1

데이터 준비부터 시스템에 적용하기까지

AI 개발의 흐름

AI 개발의 구조를 배우기 위해 지도 학습을 사례로 하여 처리 순서에 대해 소개해보겠다. 기계학습 처리는 크게 나누어 학습 데이터 준비, 모델 학습, 시스템 적용 등 세 가지 작업으로 구성된다.

학습 데이터 준비

기계학습을 할 때는 가장 먼저 학습 데이터를 준비한다. 지도 학습의 경우, 입력과 정답 데이터를 한 쌍으로 만든 것이 학습 데이터가 된다. 예를 들어 입력한 이미지를 개와 고양이처럼 사전에 정해진 몇 가지 클래스로 분류하려면 한 장 한 장의 이미지에 정답 라벨을 부여한 데이터가 필요하다.

학습 데이터의 양은 필요한 정밀도와 이용할 모델 등에 따라 달라지지만 단순한 이미지 분류일 경우, 클래스별로 1,000~10,000 정도를 준비한다. 기존의 기계학습은 데이터의 양을 늘려도 정밀도가 더는 올라가지 않지만 딥러닝에서는 데이터량을 늘리기만 해도 성능이 향상된다고 알려져 있다. 그러므로 성능을 향상시키기 위해서는 데이터량이 매우 중요한 요건이 된다. 그러나 데이터량의 증가는 모델 학습 시간의 증가와 직결되므로 비즈니스 이용에서는 성능과 공정 수의 균형을 검토하는 것도 중요하다.

학습 처리를 위해 준비한 학습 데이터는 다음의 세 가지로 나눈다.

① 트레이닝 데이터

모델을 학습시키기 위한 데이터

② 개발 데이터

학습 과정에서 모델과 데이터를 개선하는 지표를 얻기 위한 데이터

③ 테스트 데이터

완성한 모델의 성능을 평가하기 위한 데이터

이처럼 학습 데이터를 분할하는 이유는 모델이 알려지지 않은 데이터에 대해 적절한 출력을 할 수 있는 범용화 능력을 가지고 있는지 평가하기 위함이다.

학습 데이터의 분할 비율은 학습 데이터의 양에 따라 달라진다. 예를 들어 수만 개 정도의 학습 데이터일 경우, 학습 데이터 전체의 20% 정도를 개발 데이터와 테스트 데이터에 할당하는 것이 일반적이었다. 그러나 학습 데이터가 수백만 개인 경우, 개발 데이터와 테스트 데이터에 대한 할당은 수 % 정도로도 충분해진다.(아래 그림)

이는 트레이닝 데이터의 양은 모델의 성능 향상에 이바지하지만 알고리즘 개선과 성능을 평가하는 데 필요한 데이터의 절대량은 그다지 늘릴 필요가 없기 때

학습 데이터의 분할

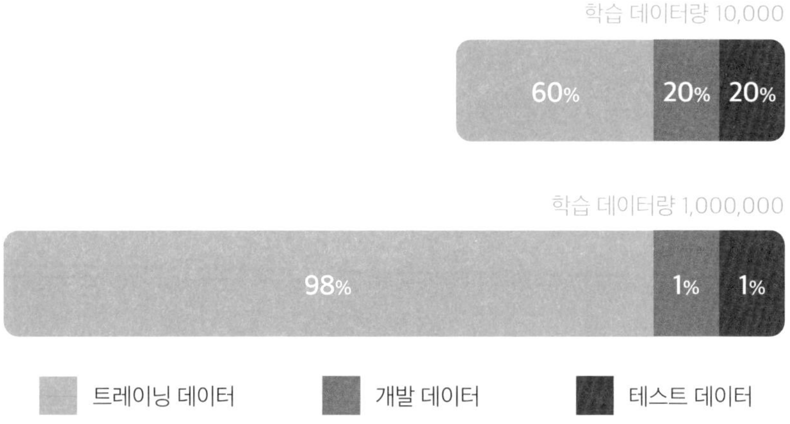

문이다. 각 데이터의 비율은 최종적으로 구축되는 모델의 성능이 최대가 되도록 결정해야 한다.

모델 구축과 학습

데이터가 준비되면 모델을 구축하고 학습한다. 모델을 구축하기 위해서는 학습 알고리즘을 선정해 '하이퍼 파라미터'라고 불리는 파라미터(변수)를 결정한다. 하이퍼 파라미터는 학습 알고리즘의 동작을 제어하기 위해 학습 전에 설정하는 파라미터이다. 예를 들어 딥러닝의 경우 인공 뉴런 간의 '가중치' 파라미터는 학습 알고리즘으로 자동 설정되지만 입출력 뉴럴 네트워크의 수나 층수, 과학습을 피하기 위한 계수 등은 사람이 사전에 설정해야 한다. 이것이 하이퍼 파라미터이다.

학습 알고리즘은 목적 업무에 따라 적절한 알고리즘을 선정해야 한다. 예를 들어 이미지 분류의 경우, 현재는 딥러닝을 사용하는 것이 일반적이지만 기존에는 서포트 벡터 머신이라는 기계학습 방법이 자주 이용되었다. 딥러닝을 사용한 알고리즘도 매일 새로운 방법이 개발되고 있으므로 적절한 방법을 선정하고 싶다면 최신 논문 등을 체크할 필요가 있다.

학습 알고리즘의 선정과 하이퍼 파라미터의 설정이 완료되면 트레이닝 데이터를 사용한 모델 학습을 시작한다.(다음 페이지 위 그림) 그 후, 학습이 종료된 모델에 개발 데이터를 사용해 학습 결과를 평가한다.(다음 페이지 아래 그림) 기존 모델을 이용하지 않았다면, 처음에 설정한 하이퍼 파라미터로 좋은 학습 결과를 얻기는 힘들다. 그러므로 좋은 학습 결과를 얻을 때까지 하이퍼 파라미터를 검색하고 조정해 트레이닝을 반복하는 것이 일반적이다.

현재 딥러닝으로는 일부 업무를 제외하면 하이퍼 파라미터 조정을 자동화할

트레이닝 데이터를 통한 학습

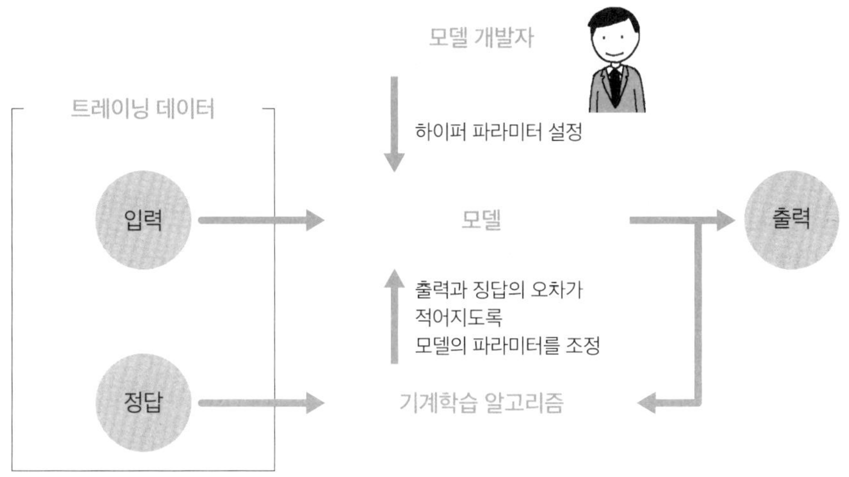

개발 데이터를 통한 평가

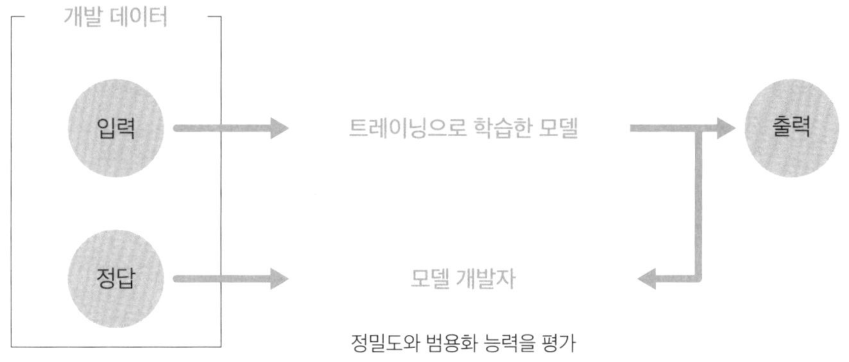

수 없다. 그렇기 때문에 좋은 학습 결과를 얻기 위해서라도 하이퍼 파라미터 조정에는 시행착오가 불가피하다.

때로는 하이퍼 파라미터의 조정뿐만 아니라 학습 알고리즘의 재선정과 학습 데이터의 검토가 필요하기도 하다. 학습에 이용할 수 있는 계산기의 처리 능력에도 좌우되지만, 딥러닝을 이용한 학습 시간이 며칠에 달하는 경우도 적지 않다. 그러므로 좋은 학습 결과를 얻으려면 몇 개월이 필요한 경우도 있다.

이러한 조정 작업을 거쳐 개발 데이터를 활용한 평가에서 좋은 결과를 얻으면 최종 확인차 테스트 데이터로 평가를 시행한다. 그리고 문제가 없으면 학습완료 모델이 완성된다.

모델 시스템에 대한 적용

완성된 모델은 분석 모델에 의한 예측 시스템처럼 그대로 이용되거나 커다란 정보 시스템이나 로봇과 같은 기기에 삽입되어 적용된다.

어떠한 경우든 실제 이용 상황에서 적절한 출력을 얻을 수 있는지를 평가해야 한다. 이용 상황에 따라서는 학습 데이터와 실제 데이터의 통계적 특성이 달라지며, 기대한 성능을 충족하지 않는 경우도 있다. 그 같은 경우에는 다시 적절한 학습 데이터를 수집해 트레이닝해야 한다.

또한 입력된 데이터가 운용됨에 따라 함께 변화하는 경우도 있다. 예를 들어 챗봇이 미지의 신제품이나 새로운 서비스 등에 대응할 수 없는 경우에는 적당한 재학습이 필요하다.

아울러 정보 시스템이나 기기에 적용할 때는 정밀도뿐만 아니라 속도 면에서도 성능이 중요해지기도 한다. 보통 학습할 때와 운용할 때는 각각 다른 하드웨어를 사용한다. 특히 적용기기의 경우, 연산 성능과 메모리 등에 제한이 있기 때문에 실시간 대응이 필요한 경우도 적지 않다. 그러므로 서버 측에서 학습시킨 모델을 기기의 사양에 맞춘 모델로 변환하는 작업도 필요하다.

4-2

AI에 필요한 데이터 준비나 개발에 유효한 서비스

크라우드 소싱

불특정 다수의 사람에게 AI에 필요한 학습 데이터의 생성 작업을 의뢰하거나 AI 모델의 개발을 인터넷을 통해 의뢰하는 경우로서 크라우드 소싱이 활용되고 있다.

크라우드 소싱이란?

크라우드 소싱은 **크라우드**crowd: 군집와 **소싱**sourcing: 업무 위탁, 조달을 조합한 합성어로, 불특정 다수의 사람에게 업무를 위탁하는 것을 말한다.

또한 크라우드 소싱 사업자는 주로 인터넷을 통해 의뢰주와 위탁처를 중개하는 기업이다. 경리나 법무 등 주로 전문성이 높은 업무를 외부에 위탁하는 아웃소싱에 비해 크라우드 소싱은 위탁처에 프리랜서나 학생 등이 포함되며, 수요에 따라 다양한 노동력을 얻을 수 있다는 점이 특징이다. 예를 들어 회사의 로고 디자인을 크라우드 소싱으로 모집할 수도 있다. 의뢰주인 기업은 선호하는 디자인을 선정해 로고 작성자인 위탁처로부터 권리를 구매한다. 또한 인력 대행처럼 대량의 사무 작업에 크라우드 소싱이 이용되는 경우도 있다.

AI의 개발로 확산되는 크라우드 소싱의 활용

AI의 개발에서는 크라우드 소싱이 자주 사용되고 있다. 그중 하나는 학습 데이터의 준비이다. 예를 들어 딥러닝을 활용해 이미지로 상품명을 추측하는 AI를 개발하려면 상품명으로 태그된 대량의 이미지 데이터를 준비해야 한다. 만약 사진을 가지고 있어도 상품명으로 관리되어 있지 않으면 누군가가 태그를 붙여야만 한다. 그리고 이 작업에 크라우드 소싱이 사용되는 경우가 있다.

크라우드 소싱을 통해 많은 사람에게 작업을 의뢰하면 회사에서 진행하는 것보다 빠른 시간 안에 작업을 끝낼 수 있다. 또한 중요한 엔지니어 리소스를 더욱 부가가치가 높은 작업에 할당할 수도 있다.

이와 같이 크라우드 소싱으로 대량의 데이터를 만들어낸 사례로는 미국의 이미지넷 프로젝트ImageNet project를 들 수 있다. 이는 대량으로 태그가 붙여진 이미지 파일을 정비하는 프로젝트로, 현재의 AI 붐이 시작되기 전인 2009년에 앞으로의 이미지 인식과 같은 AI 연구 개발 추진에 필요할 것으로 예측되어 시작된 프로젝트이다.

작업에는 크라우드 소싱이 이용되었으며, 현재까지 1,400만 장 이상의 태그가

크라우드 소싱을 이용한 학습 데이터의 작성 사례

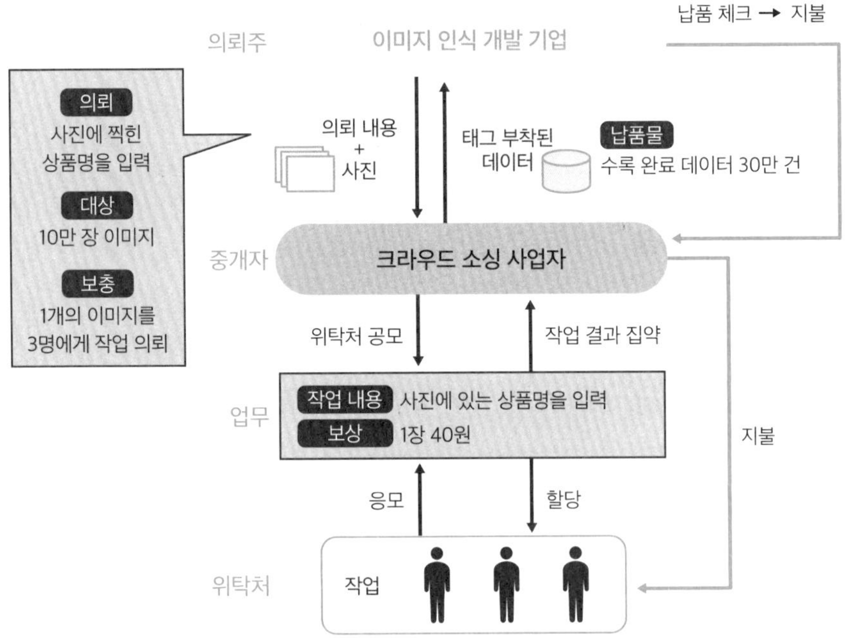

붙은 이미지 데이터가 생성되었다. 이 데이터는 2010년부터 시작된 이미지 인식에 관한 콘테스트인 ILSVRCImageNet Large Scale Visual Recognition Challenge에 사용되어 현재의 AI 기술 발전에도 크게 기여했다.

ImageNet 프로젝트에서는 크라우드 소싱으로 이미지에 태그를 붙일 때 추진 방안에 집중하고 있다. 의도한 이미지인지에 대한 답변을 두 가지 중 하나로 선택하고 있다. 대상 이미지가 무엇이든 일일이 대답하는 방법에 비해 입력 실수가 잘 일어나지 않으며, 표현의 애매함도 없다. 크라우드 소싱에서는 일정한 품질을 보증할 수 있도록 누구나 망설임 없이 동일하게 작업을 할 수 있는 순서를 확립해둘 필요가 있다.

AI 분야에서의 두 번째 크라우드 소싱 활용처는 로고 디자인처럼 AI의 모델 개발을 불특정 다수의 사람들에게 의뢰하는 것이다. 예를 들어 미국의 케글Kaggle[1]이 유명하다. 케글은 같은 이름의 크라우드 소싱 서비스를 운영하는 회사로 60만 명 이상의 데이터 사이언티스트와 엔지니어 회원들을 갖추고 있으며, 데이터 예측과 분석 방법에 관한 콘테스트도 개최하고 있다. 케글이 개최하는 콘테스트에는 몇 가지 카테고리가 있다.

'비즈니스' 카테고리는 협찬하는 기업이 주제를 정해 필요한 데이터를 준비하는 타입이다. 우수한 AI 모델을 작성자로부터 구매해 자사에서 이용할 수 있다. 비즈니스 카테고리에는 지금까지 월마트나 인텔과 같은 세계적인 유명 기업들이 관여하고 있다.

마찬가지로 '채용' 카테고리에서도 기업이 주제와 데이터를 준비하지만, 목적은 AI 모델 개발이 아닌 AI 인재의 획득이다.

1 **케글** 케글은 2017년에 알파벳(Google)에 인수되었다.

'연구' 카테고리처럼 주로 학술 연구에 관련된 콘테스트도 있다. 케글 콘테스트의 결과는 인터넷 상에 공개되며, 상위에 랭크된 사람은 상금을 획득할 뿐만 아니라 AI 엔지니어로서 세계적인 명예를 얻게 된다. 또한 스타트업 중에는 케글의 콘테스트에서 우승한 엔지니어가 소속되어 있다는 점을 자사의 기술력을 어필하는 수단으로 활용하는 기업도 있다.

이 밖에도 크라우드 소싱은 개발된 AI의 성능을 시험하는 데 사용되는 경우도 있다. 예를 들어 사람의 목소리를 충실히 재현하는 음성 합성용 AI를 개발했다고 하면, 피험자에게 이 소리가 실제 사람의 소리인지 AI가 만든 소리인지 판단하게 해 얼마나 사람의 목소리와 비슷한 소리를 만들 수 있는지 평가하는 것이다.

이처럼 크라우드 소싱은 AI 개발에 필요한 학습 데이터의 준비, 모델 개발, 평가 등 다양한 상황에서 활용되고 있다.

아마존 미케니컬 터크를 사용한 AI와 사람의 힘의 조합

아마존 미케니컬 터크는 크라우드 소싱을 위한 AWS 서비스이다.

이름의 유래는 18세기에 실존한 헝가리 발명가가 만든 'The Turk'에서 유래했다. The Turk는 체스를 하는 기계 장치 인형으로, 나폴레옹 보나파르트나 벤저민 프랭클린처럼 유명한 사람들과 대국했다는 기록도 남아 있다. 그러나 매우 단순한 장치이며, 안쪽에 체스의 달인이 숨어 있으면서 인형을 조작했다. 이 일화를 바탕으로 컴퓨터만으로는 아직 실현이 어려운 작업을 사람의 힘과 조합해 가능하게 하는 플랫폼으로 미케니컬 터크가 개발되었다.

미케니컬 터크는 2005년에 공개된 서비스로, 원래 아마존 웹사이트 안에 중복된 페이지를 찾아내어 삭제하기 위해 만들어진 사내용 시스템이었다.

미케니컬 터크는 다른 AWS 서비스와 마찬가지로 API[2]화되어 자신의 회사 시스템에 적용할 수 있는 등, 자유도가 높은 서비스이다. 또한 앙케트 작성이나 이미지 데이터에 태그 붙이기 등 작업 내용에 따라 시스템을 템플릿으로부터 만들어낼 수도 있다.

미케니컬 터크는 또한 크라우드 소싱을 시작하기 위해 필요한 기능이 하나로 모여 있기 때문에 사용하기 편리한 서비스이지만, 안타깝게도 이용할 수 있는 언어는 영어로 제한되어 있다.

미케니컬 터크로 작업을 의뢰할 때는 HITs Human Intelligence Tasks 라는 참가 자격 Qualification 이나 의뢰 내용에 관한 시트를 작성한다. 참가 자격을 마련하면 위탁처를 선별할 수 있다.

미케니컬 터크로 설정할 수 있는 참가 자격에는 무료와 유료가 있다. 무료인 것에는 위탁처의 거주 지역 등이 있으며, 유료인 것에는 주택 대출의 여부, 인터넷 이용 시간 등 위탁처의 더욱 자세한 프로필을 설정할 수 있다. 참가 자격은 예를 들어 사회 실험을 목적으로 크라우드 소싱을 사용해 앙케트를 수집할 때 유효하다.

미케니컬 터크는 언어에 대한 제약이 있지만 아마존만의 간편한 사용 방법으로 AI 학습 데이터의 준비 등을 위해 전 세계가 이용하고 있다.

피겨 에이트를 활용한 AI 전용 크라우스 소싱 서비스

피겨 에이트 Figure Eight 는 이전에는 크라우드플라워 CrowdFlower 라고 불린 미국의

[2] API Application Programming Interface의 약자. 소프트웨어를 일부 공개해 다른 소프트웨어와 기능을 주고받을 수 있도록 하는 인터페이스.

기업으로, AI에 초점을 맞춘 크라우드 소싱 서비스를 전개하고 있다. 또한 피겨 에이트는 일본의 대규모 크라우드 소싱 기업인 크라우드웍스 등과 협업하고 있다. 고객 중에는 오라클 산하의 기업이자 재무, 인사 관리에 관한 클라우드 서비스를 제공하는 미국의 워크데이Workday 등이 있다. 워크데이에서는 자사의 서비스에 적용하기 위한 문자 인식 기능을 개발하기 위해 피겨 에이트를 활용했다.

피겨 에이트는 마이크로소프트와 협력해 AI와 사람의 힘을 합쳐 기업의 업무 과제를 해결하기 위한 플랫폼, '크라우드플라워CrowdFlower AI'를 개발하고 있다. 크라우드플라워 AI는 마이크로소프트의 AI 클라우드 서비스인 '마이크로소프트 애저 머신 러닝Microsoft Azure Machine Learning'이라는 피겨 에이트 크라우드 소싱 서비스를 조합한 것이다.

예상되는 활용처 중 하나는 예를 들면 자사 상품에 관한 소셜 미디어에서의 평판 체크 업무이다. 먼저 마이크로소프트 애저의 감정 인식 기능으로 자사 상품에 관한 평판을 해석한다. 그러나 소셜 미디어는 문장이 매우 짧으며 전문 용어나 독특한 언어 습관이 사용되는 경우도 있어, AI만으로는 충분한 해석을 할 수 없을 때가 있다. 따라서 애저가 인식할 수 없는 데이터를 피겨 에이트의 크라우드 소싱을 활용해 사람이 2차로 체크한다. 사람은 가지고 있는 전문 지식과 인터넷 정보를 동원해 해석을 진행한다.

크라우드플라워 AI는 사람을 서비스에 적용해 AI 단일체로는 실현하기 어려운 케이스에서도 시스템화를 가능하게 만들며, 사람이 2차로 체크해 만든 데이터를 AI 학습에 빠짐없이 활용한다.

처음에는 인력에 의한 처리가 많았다고 해도, AI를 개선하고 성능을 향상시키면 미래에는 사람의 대응 비율을 줄이고 AI에 의한 자동화를 이루게 될 것이다.

크라우드 소싱과 데이터에 관한 포인트

크라우드 소싱을 이용할 때는 안타깝게도 위탁처에 따라 작업의 품질에 불균형이 발생하는 문제가 있다. 그러므로 성과물이 일정한 품질을 유지할 수 있는 구조를 마련해야 한다. 예를 들어 여러 명에게 같은 작업을 의뢰해 얻은 답변을 통해 통계적으로 정답을 도출하는 방법이 있다.

크라우드 소싱에서는 질이 안 좋은 작업을 간파해야 한다. 예를 들어 작업 시간을 측정해 극단적으로 짧은 작업 시간은 부적절한 작업으로 간주해 수용을 거부하는 것이다. 조금 고도화된 방법으로는 작업 내용을 파악하기 위해 체크용 문제를 삽입하는 경우가 있다. 이 유명한 방법이 바로 Instructional Manipulation Check: IMC이다. IMC는 설문지를 건너뛰어 읽는 것에서 착안한 방법으로 "아무것도 체크하지 말고 다음으로 넘어가주세요."라고 지시한다.

즉 만약 IMC 용으로 만든 설문에서 답변란에 데이터가 입력되어 있는 경우에는 작업자가 충분히 본문을 읽지 않고 답변하고 있을 가능성이 크며, 작업을 수용하기에 바람직하지 않다고 추측할 수 있다.

이 밖에도 크라우드 소싱을 이용할 때는 기밀성이 높은 데이터 취급에 주의해야 한다. 개인 정보나 기업 매출 등 외부인에게 유출해서는 안 되는 데이터는 NDA Non-disclosure agreement: 비밀유지 계약를 맺는 것을 생각해야 한다. 또한 NDA를 전제로 하지 않는다면 사전에 데이터를 분할해 익명화하는 등 가공이 필요하다.

앞으로의 크라우드 소싱

크라우드 소싱은 노동력이 필요한 측과 노동력을 제공할 수 있는 개인과 기업을 매칭하는 장으로 탄생했다. 인터넷이 가능하게 만든 새로운 고용 형태라고 할 수 있고, 그 이후에 탄생한 우버Uber와 에어비앤비Airbnb 등 공유경제의 관점에서는 노동력의 쉐어라고 받아들일 수 있다.

크라우드 소싱이 확산되는 배경에는 기업 입장에서 필요할 때 필요한 만큼 노동력을 조달할 수 있다는 점과 주요 위탁처인 개인이나 프리랜서에게도 수월한 작업 환경이 갖추어졌다는 점을 들 수 있다. 예를 들어 음성 인식에 필요한 데이터도 스마트폰으로 가볍게 녹음해 만들어낼 수 있게 된 것이다.

이처럼 이전에는 전문적인 기계를 갖추지 않으면 불가능했던 일들이 이제는 스마트폰 하나로 점점 더 가능해지고 있다. 크라우드 소싱은 앞으로도 AI를 개발하는 기업들이 귀중한 노동력을 획득하는 장으로 활용될 것이다. 또한 AI를 학습한 사람들에게는 스스로 기술력을 시험하는 장으로써 케글과 같은 서비스도 계속 주목받게 될 것으로 생각한다.

4-3 방대한 데이터로 통찰을 이끌어내는 기술
애널리틱스

최근 애널리틱스 분야에서는 과거에서 미래를 예측하는 예측 분석 활용이 확산되고 있다. 이러한 배경에는 기계학습으로 예측 모델을 구축하는 일이 이전보다 쉬워진 측면이 있다.

애널리틱스란?

애널리틱스는 통계적 방법이나 기계학습을 사용해 구축한 모델에 의해 데이터가 가지고 있는 패턴이나 데이터 간의 상관관계를 밝혀 가치 있는 정보를 끌어내는 것을 말한다.

예를 들어 매출이나 판매비용 등의 데이터를 축적해 기업의 수익이 줄어든 원인을 찾아낼 수 있다. 이처럼 데이터의 구조를 정리해 때로는 평균값과 표준편차 등의 통계량을 활용해 어떤 일이 일어났는지를 명확하게 밝히는 것을 '**묘사적 분석**Descriptive Analytics'이라고 한다.

또한 여러 개의 요인 가운데 근본 원인을 찾아내려면, 데이터 간의 관계성을 추측하는 상관 분석 등도 활용해 분석하는 '**진단적 분석**Diagnostic Analytics'이 사용된다. 묘사적 분석과 진단적 분석에서는 사람이 파악하기 어려운 데이터를 통계적인 방법 등을 이용해 사람이 알기 쉬운 형태로 변환한다.

애널리틱스에는 데이터가 가진 특징으로 다음에 일어날 법한 가능성을 도출하는 '**예측 분석**Predictive Analytics'이라는 것이 있다. 예를 들어 신용카드 회사에서는 제삼자에 의한 부정 사용을 방지하기 위해 예측 분석을 이용하고 있다. 카드의 소유자가 지금까지 구매해온 상품의 종류와 금액, 타이밍, 장소 등의 데이터를 사용해 지금까지의 구매 행동과 괴리가 없는지를 분석한다. 만약 지금까지의 소비 패턴과 크게 달라서 다른 사람이 사칭하고 있을 가능성이 크다고 판단되는 경우에는 신용카드 회사가 카드의 결제를 접수하지 않는다.

또한 예측 분석은 소매점이 과거의 판매 실적이나 앞으로의 날씨 등을 참고해 상품의 발주 계획을 세울 때 사용하기도 한다.

애널리틱스는 지금까지 사람의 의사 결정을 지원하는 도구로 사용되어왔다. 과거를 분석해 문제의 원인을 찾아내는 것도, 과거에서 미래를 예측하는 것도 목적은 모두 현재 가장 좋은 판단을 내리기 위함이다. 수단과 방법은 달라도 목적은 같은 것이다.

예측 분석에서 기계학습의 활용

학습에 필요한 대량의 데이터를 얻기 쉬워졌고, 이를 분석하기 위한 계산 리소스를 클라우드 컴퓨팅 등으로 쉽게 확보할 수 있게 되었기에 예측 분석에서 기계학습의 활용이 최근 급속히 실용화되었다. 예를 들어, 앞에서 언급한 신용카드 회사의 예측 분석 사례에서는 방대한 결제 정보를 활용해 기계학습으로 만든 예측 모델이 부정 사용을 검지하는 구조로 주로 사용되고 있다.

기계학습으로 매우 정밀한 학습완료 모델을 만들기 위해서는 모델에 필요한 알고리즘의 선택과 파라미터의 조정, 그리고 학습에 어떠한 데이터(특징량)를 사용할지 검토해야 한다. 이것은 기계학습에 정통한 엔지니어가 설계해야 한다.

또한 예측 분석을 효율적으로 진행하려면 때로는 방대한 데이터 속에서 특징량을 선별해야 한다. 마구잡이로 데이터를 부여해 학습시켜서는 정밀하게 예측하는 모델을 만들 수 없다.

여기서 '특징량 엔지니어링Feature engineering'이라는 작업이 이루어진다. 특징량 엔지니어링이란 주로 수치화된 테이블처럼 구조화된 데이터에 대해 예측하는 목적과 관계성이 없는 불필요한 특징량을 삭제하거나 예측의 정밀도를 높이기 위해 새로운 특징량을 만들어내는 것을 말한다. 예를 들어 날짜뿐이었던 학습 데이터에 요일을 특징량으로 더하는 경우가 있다. 상품에 따라 토요일과 일요일의 매출이 달라질 수 있으며, 상황에 따라 7월의 첫 번째 토요일처럼 특정한 이벤트에 맞추어 매출이 변동할 수 있기 때문이다. 그러므로 기계학습을 활용한 예측 분석을 진행하려면 특징량 엔지니어링 같은 데이터 사이언스에 관한 지식이 필요한 경우가 있다.

기계학습을 통한 예측 분석은 학습에 필요한 데이터와 계산 리소스 확보가 전제되지만, 과거에서 미래를 예측하는 강력한 무기로서 비즈니스 부문에서 활용이 급속하게 확산되고 있다.

데이터로봇이 진행하는 자동 기계학습 플랫폼

데이터로봇DataRobot은 기계학습으로 분석 플랫폼을 개발하는 미국의 스타트업 기업이다. 기계학습의 근본적인 구조와 예측 대상의 업무에 관한 지식을 보유하고 있으면 이 회사의 기술을 사용해 고도화된 예측 모델을 만들 수 있다.

데이터로봇의 플랫폼은 '자동 기계학습Auto Machine Learning'이라고 불리는 기능을 가지고 있으며, 수천 건 이상의 기계학습 알고리즘을 사용해 학습하며, 정밀도가 좋아 보이는 모델을 생성하는 기능이 있다. 등록되어 있는 알고리즘에는 전 세계의 데이터 사이언티스트가 참가하는 분석 콘테스트이자 크라우드 소싱 서비스이기도 한 케글에서 우승한 최신 알고리즘이 포함되어 있다.

그러므로 목적에 맞추어 기계학습을 선정하거나 프로그래밍 언어를 사용해 기계학습 모델을 설계하거나 할 필요가 없다. 다만 모델 개발에 필요한 데이터의 준비 작업과 생성한 모델을 시스템에 적용하는 일은 수작업해야 한다.

기계학습 모델을 대량으로 만들어내는 자동 기계학습 플랫폼이 등장해 분석에 활용되는 알고리즘에도 변화가 생겨나고 있다. 기존처럼 엔지니어가 시간을 들여 거듭 조정한 모델을 사용하는 경우도 있지만 새롭게 '앙상블 모델'이 사용되기 시작했다. 앙상블 모델이란 여러 개의 학습완료 모델을 조합한 모델이다. 예를 들어 사람이 혼자 판단하는 것보다 서너 명이 함께 또는 여러 명이 생각하는 것이 좋은 결과가 나오는 경우가 있듯이, 앙상블 모델에서는 학습완료 모델로 정밀도가 높다고 여겨지는 모델들을 뽑아 조합함으로써 더욱 정밀도 높은 예측 결과를 도출한다.

또한 데이터로봇은 생성된 모델에 대해 어떠한 특징량이 예측에 도움이 되었는지를 나타내는 기능이 있다. 예를 들어 아이스크림 판매를 예측하는 모델을 생성했을 때, 기온과 습도에 따라 커다란 영향을 받는다는 내용을 나타내는 식이라

자동 기계학습의 개념도

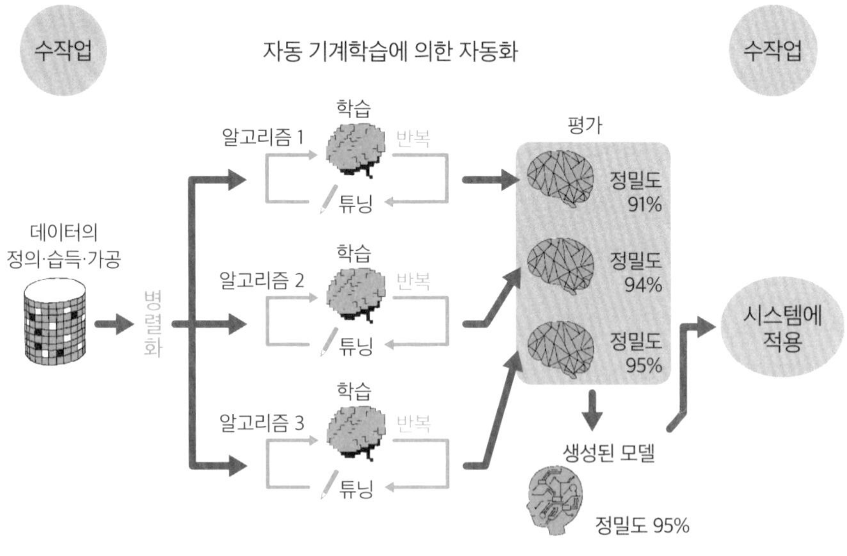

고 하면 이해하기 쉬울 것이다. 예측 모델을 개발하는 담당자는 영향을 준 특징량으로 모델의 타당성을 추측할 수 있다.

데이터로봇은 2017년 5월에 시계열 데이터 분석에 관한 기술을 가진 보스턴의 '뉴토니언Nutonian', 2018년 7월에는 자동 기계학습에 관한 플랫폼을 개발하는 오하이오 주의 '넥소시스Nexosis'를 인수하는 등 기술과 인원 수를 강화해 자동 기계학습 플랫폼에서의 지위를 확고히 하고자 노력하고 있다.

앞으로의 애널리틱스

기계학습을 활용한 예측 분석 분야가 유력하다고 본 새로운 벤더들의 시장 참여가 계속되고 있다. 미국 보스턴에 있는 '피처 랩스Feature Labs'를 예로 들 수 있다. 이 회사는 특히 특징량 엔지니어링에 관한 노하우를 가진 기업으로, 매사추세츠 공과대학의 연구 성과로 탄생한 기업이다. 또한, 마찬가지로 미국 마운틴 뷰에 있는 'H20.ai'라는 데이터 사이언스용 플랫폼을 다루는 기업도 '드라이버리스Driverless AI'라는 자동 기계학습 플랫폼을 개발했다.

2017년에 아마존이 AWS 서비스로 시작한 세이지메이커SageMaker에는 자동 기계학습 기능이 포함되어 있다. 이 밖에도 사스SAS와 같은 비즈니스 인텔리전스 벤더와 SAP 같은 패키지 벤더 제품에도 기계학습을 활용한 예측 기능이 편입되기 시작하고 있다. 앞으로 분석에서 기계학습을 활용하는 것은 특별하지 않게 느껴질 것이다.

자동 기계학습 플랫폼의 등장이 반드시 데이터 사이언티스트의 업무를 완전히 치환하는 것은 아니다. 기업의 생명선이라고도 할 수 있는 중요한 상품과 안건에 대한 예측 모델을 구축하는 일은 여전히 전문가인 데이터 사이언티스트의 몫으로 남아 있을 것이다.

그러나 미래에는 데이터 분석 전문가가 아닌 상품 기획의 담당자여도 엑셀 등의 오피스 툴을 사용하듯이 손쉽게 예측 모델을 이용할 수 있게 될 것이다. 각각의 업무에서 예측 모델을 활용하는 일은 나날이 개선되어 분명 기업의 이익을 향상시키는 원동력이 될 것이다.

4-4 신속한 AI 개발을 가능하게 하는 환경

AI 플랫폼

AI 플랫폼에는 학습이 완료된 AI를 이용하는 플랫폼과 신속한 AI 개발을 위해 개발 환경을 준비하는 플랫폼 등 다양한 플랫폼이 등장하고 있다.

AI 플랫폼이란?

AI 플랫폼은 AI를 개발하거나 AI를 활용한 서비스를 제공하는 환경을 말한다. 플랫폼이 준비한 전용 도구를 사용해 예측 분석 모델과 이미지 인식 모델 등을 개발하거나 플랫폼에 따라 이미지 인식과 음성 인식 같은 학습완료 AI 모델을 API로 이용할 수 있다. 대부분이 클라우드 서비스이며, 학습과 실행에 필요한 계산 리소스를 맞추어 제공한다. 기업은 AI 플랫폼을 활용해 신속하게 서비스를 개발할 수 있다.

대규모 벤더에 의한 AI 플랫폼

클라우드 서비스로 치열하게 경쟁하는 대규모 벤더들 사이에서는 AI를 서비스 포트폴리오로 편입시키려는 움직임이 빨라지고 있다.

① 기업의 정보를 잘 습득해 왓슨으로 성장시킨 자연언어 처리 기술이 강점인 IBM

IBM은 자사 클라우드 서비스인 'IBM 클라우드'에서 AI에 관한 API를 열 종류 이상 이용할 수 있게 하고 있다. 이미지 인식과 음성 인식 등 기본적인 서비스를 비롯해 IBM 왓슨을 바탕으로 만들어진 대화 기능과 뛰어난 예측 분석 기능을 갖춘 애널리틱스 도구 등이 포함되어 있다.

예를 들어 소셜 미디어 콘텐츠를 해석한다면 IBM 클라우드가 제공하는 여러 개의 API를 사용해 사진으로 나이와 성별을 추정하고 텍스트로 성격을 분석할 수 있다. 필요에 따라 AI의 API를 호출하는 모듈을 IBM 클라우드가 제공하는 개발 기능으로 조합해 플랫폼 상에 서비스를 구축할 수 있다.

IBM 클라우드는 이 회사가 왓슨을 위해 개발해온 기능을 서비스화해 쉽게 이용할 수 있게 했으며, 이미지 인식과 대화 기능 등 일부 API는 학습에 대응해 주문 제작할 수 있다. IBM 클라우드는 AI의 다양한 기능과 뛰어난 유연성이 인기 있는 서비스라고 할 수 있다.

② 심층 강화 학습을 추가해 제조업용 서비스 확대를 노리는 마이크로소프트

마이크로소프트는 자사의 클라우드 서비스인 애저Azure로 AI 솔루션인 '애저 AI'를 선보이고 있다. 애저 AI에는 음성 인식 등의 API 서비스 '코그니티브 서비스Cognitive Services'와 AI를 개발하기 위한 기능 '애저 머신 러닝Azure Machine Learning'이 포함되어 있다.

애저 머신 러닝은 기계학습을 활용한 예측 모델 구축과 딥러닝을 활용한 이미지 인식 등 폭넓은 AI 개발에 적용할 수 있는 솔루션이다. 그중에서도 특징적인 것은 소프트웨어 개발 도구 벤더로서의 노하우를 살려 개발한 '애저 머신 러닝 스튜디오Azure Machine Learning Studio'라는 AI 개발 환경이다.

애저 머신 러닝 스튜디오는 학습 데이터의 적용과 가공, 알고리즘 설계, 그리고 학습 등 일련의 작업을 드래그 앤 드롭으로 부품을 연결해 정의할 수 있어 개발 생산성을 높일 수 있다. 또한 파이썬Python과 같은 프로그래밍 언어와 R 같은 분석용 언어를 사용해 필요에 따라 기능을 확장할 수 있는 점이 특징이다.

마이크로소프트는 애저가 가진 IoT 관련 데이터 수집 솔루션과 기계학습을 통한 해석 솔루션을 조합해 제조업에서의 AI 활용에 관한 노하우를 축적하기 시작했다. 마이크로소프트는 2018년 6월에 제조업용 설계 지원, 물류 등의 로지스틱스용 AI 솔루션을 개발하던 본사이Bonsai라는 미국 기업을 인수했다. 이 회사의 기술은 강화 학습에 심층학습 요소를 도입한 심층 강화 학습[3]을 활용한 것으로, 시뮬레이션 소프트웨어에 적용하면 설계 작업을 일부 자동화할 수 있다. 마이크로소프트는 본사이의 기술을 애저로 통합해 서비스 차별화에 활용할 것으로 예상된다.

③ AWS에 AI를 도입해 기존 서비스와의 친화성을 높이는 아마존

클라우드 서비스의 선구자인 아마존도 AI에 적용을 강화하고 있다. AWS 서비스 라인업에 음성 인식 API로 도입 기업에 전문 용어 등록 등의 커스터마이징도 가능한 '아마존 트랜스크라이브Amazon Transcribe', 이미지와 동영상에 관한 다양한 API를 갖춘 '아마존 레코그니션Amazon Rekognition', 기계 번역을 하는 '아마존 트랜슬레이트Amazon Translate'와 같은 API를 추가했다. 이 밖에도 예측 분석 모델을 만드는 '아마존 머신 러닝Amazon Machine Learning' 등 기업이 준비한 데이터를 활용해 독자적인 AI를 만드는 서비스도 시작하고 있다.

아마존의 AI 서비스는 스토리지 서비스인 Amazon S3에서 학습 데이터를 읽어오는 등 AWS의 기타 서비스와의 친화력도 뛰어나다. 이미 AWS 서비스를 이용하고 있는 기업이 AI 기능을 새롭게 개발할 때 유력한 선택지가 되고 있다.

---

3 심층 강화 학습 p.244 참조.

④ 독자적인 프로세서를 개발해 특색을 갖춘 구글

대부분의 AI 개발자들이 이용하는 AI 라이브러리인 '텐서플로TensorFlow'를 개발하고, 세계에서 손꼽히는 AI 연구 개발 기업인 영국의 딥마인드DeepMind를 산하에 둔 구글도 자사의 클라우드 서비스에서 AI 관련 서비스 '클라우드 AICloud AI'를 제공하고 있다.

이미지에 관한 AI 서비스를 정리한 '구글 클라우드 비전 APIGoogle Cloud Vision API', 기존의 API를 추가 학습 데이터로 커스터마이징할 수 있는 '구글 클라우드 오토MLGoogle Cloud AutoML' 등 이미지, 동영상, 음성, 그리고 자연언어를 다루기 위한 기능이 갖추어져 있다.

그중에서도 AI를 위해 빠른 학습과 실행 환경을 제공하는 '구글 클라우드 TPU'는 이 회사가 독자적으로 개발한 AI용 프로세서 'TPUTensor Processing Unit'를 자사의 클라우드 서비스에 적용한 서비스이다. 클라우드 TPU를 활용하면 자사가 참여한 텐서플로로 개발한 AI 모델을 고속화할 수 있다. 2018년 7월에는 스마트폰과 산업용 기계 등의 단말기 도입을 상정한 칩인 '구글 에지 TPUGoogle Edge TPU'를 발표해 플랫폼 강화를 진행하고 있다.

업무 패키지에 적용되는 AI 플랫폼 기능

회계와 고객 관리 등 업무 패키지에는 AI 플랫폼 기능이 도입되고 있다. 예를 들어 미국의 세일즈포스닷컴Salesforce.com은 시스템에 축적된 데이터로 AI를 자동으로 만들어낼 수 있다. 도입 기업의 데이터를 활용해 학습을 통해 만들어낸 AI는 예상 고객을 발굴하거나 계약 해지 등 리스크 징후를 파악하는 데 사용된다.

독일의 SAP도 지금까지 회계 처리 등의 업무에서 수작업으로 진행하거나 고객이 요건에 맞추어 복잡한 규칙을 소프트웨어에 도입했던 기능을 AI로 치환하려 하고 있다. SAP의 AI도 역시 고객 데이터를 학습에 사용함으로써 기계적으로 생성된다.

일본에서는 패키지 소프트웨어가 각 회사의 요건에 맞추어 개발하는 스크래치에 비해 '기성품'에 지나지 않는다고 생각하는 경향이 있었다. 그러나 AI 기능에서는 패키지라고 해도 고객 데이터를 활용해 학습한 '특별 주문품'을 만들 수 있다. 고객이 요구하는 부가가치가 AI로 이동하면서 패키지에 대한 생각 또한 앞으로 크게 바뀔 것이다.

독자적인 AI 서비스를 제공하는 AI 플랫포머

AI 플랫폼을 제공하는 기업 중에는 자사가 가진 지식을 활용해 독자적인 AI 서비스를 전개하는 기업도 있다. 예를 들어 러시아의 아비ABBYY는 '플렉시캡처FlexiCapture'등 문자 인식에 관한 다양한 제품을 제공하고 있다. 이 회사가 오랫

오비탈 인사이트의 미국 스타벅스에 관한 분석 사례

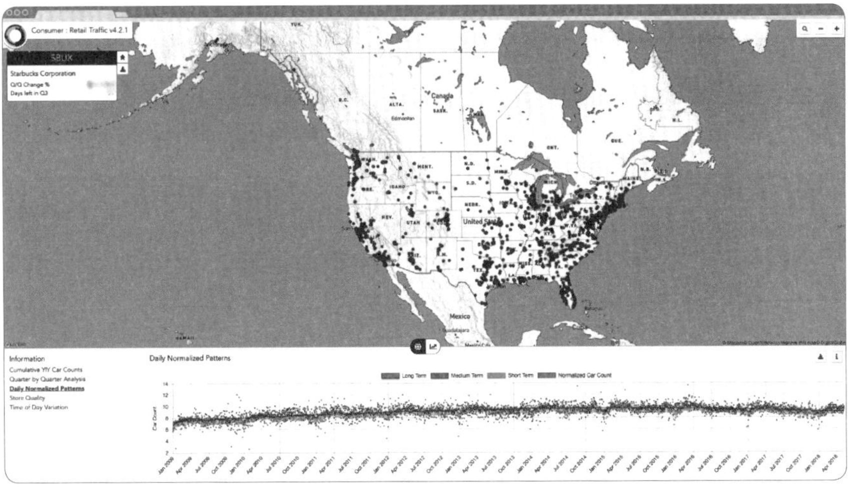

Orbital Insight sources, processes and transforms geospatial data at scale to help businesses, governments and NGOs make better, faster decisions. ©Orbital Insight 2018

동안 축적해온 OCR Optical Character Recognition: 광학 문자 인식 기술을 활용한 것으로, 이미지 데이터에서 기계 인쇄된 문자를 인식할 수 있다. 이는 종이 데이터의 전자화 등 특정 비즈니스에서 기업의 니즈를 파악한 제품이며, 사용하기 편한 플랫폼이다.

구체적으로는 문서 포맷 정의나 분류에 필요한 전처리 도구와 읽어 들인 후의 데이터 집약 등 문자 인식 기능을 비롯해 업무를 수행할 때 필요한 기능도 갖추고 있다는 점이 특징이다.

미국의 스타트업 기업 오비탈 인사이트 Orbital Insight는 디지털그루브 DigitalGrove 등의 위성 데이터 제공 기업에게서 입수한 위성사진을 AI 등으로 해석해 주요 국가의 경제 상황을 예측하는 데이터를 API를 거쳐 제공하고 있다.

일본에서도 앞으로 우주활동법에 따른 민간의 위성 발사 금지가 해제되면서 비즈니스에서의 위성 데이터 활용이 확산될 것으로 생각한다. 스타트업 기업을 중심으로 독자적인 데이터와 독자적인 해석 기술을 활용한 AI 플랫폼이 등장하고 있다.

앞으로의 AI 플랫폼

대기업을 시작으로 AI 서비스는 자사 클라우드 서비스의 차별화를 위해 꼭 필요한 존재가 되고 있다. 따라서 각 회사가 취급하는 AI 서비스도 확대되고 있다. 하지만 대기업이라고 해도 자체적으로 개발을 진행하는 데 한계가 있는 것도 사실이다. 그러므로 앞으로는 AI 플랫폼 간의 협업과 서비스의 상호 적용이 일어날 것으로 예상된다.

서비스의 소비자로서 AI를 활용하는 기업은 각 플랫폼이 가진 기능과 함께 서비스 간의 파트너십과 호환성을 검토해나갈 필요가 있을 것이다.

4-5

독자적인 AI를 개발하기 위한 소프트웨어

AI 미들웨어

AI 개발을 스크래치로 시작하는 기업에게 AI 미들웨어는 빼놓을 수 없는 소프트웨어이다. AI 붐을 거치면서 구글과 마이크로소프트 등에서 최신 AI 모델을 갖춘 제품들이 차례차례 등장하고 있다.

AI 미들웨어란?

AI 미들웨어는 뉴럴 네트워크 등의 AI 모델을 설계할 때의 부품, 학습과 테스트에 필요한 연산 기능을 정리한 것을 가리킨다.

AI 개발에서 자주 쓰이는 수치 계산과 같은 기본적인 기능을 함수로 모은 라이브러리와 더욱 고도화된 것으로는 CNN Convolutional Neural Network: 콘볼루션 신경망[4] 등 뉴럴 네트워크의 구축 순서를 추상화한 프레임워크가 있다.

또한 AI 미들웨어에는 ResNet[5]과 같은 유명한 딥러닝의 네트워크를 장착한 것도 있다. 기업은 자사의 기술력이나 용도에 맞추어 적절한 AI 미들웨어를 선택해 개발의 생산성을 높일 수 있다.

AI 미들웨어의 아키텍처와 대표적인 소프트웨어

AI 미들웨어는 계층으로 되어 있으며, 상위 계층이 하위 계층의 기능을 이용하는 구조로 만들어져 있다. 기업은 자사의 개발 수요에 맞추어 네이티브 라이브

4 CNN p.228 참조.

5 ResNet Residual Network의 약자. 저명한 이미지 인식 콘테스트 등에서 우승한 모델.

AI 미들웨어의 계층도

AI 미들웨어

래퍼

예 Keras(케라스)

라이브러리/프레임워크

예 Theano(테아노), TensorFlow(텐서플로)

프로그래밍 언어

예 Python(파이썬)

네이티브 라이브러리

예 CUDA(쿠다)

러리나 프레임워크를 선택한다.

① 네이티브 라이브러리

가장 낮은 계층에 위치하는 것이 네이티브 라이브러리이다. 하드웨어에 맞추어 AI에서 자주 이용되는 특정 연산을 고속화한다. 예를 들면 엔비디아가 개발한 쿠다Compute Unified Device Architecture: CUDA이다. 엔비디아의 GPU Graphics Processing Unit 상에서 동작하며 CPU를 활용했을 때에 비해 행렬 등의 연산을 고속화할 수 있다.

② 프로그래밍 언어 파이썬

네이티브 라이브러리를 구사해 AI 모델을 개발할 때 주로 사용되는 프로그래밍 언어는 파이썬Python이다. 파이썬은 네덜란드 국립수학정보과학연구소Centrum Wiskunde & Informatica 등에서 근무했던 프로그래머 귀도 반 로섬Guido van Rossum이 개발한 언어이다. 루비Ruby나 펄Perl과 마찬가지로 인터프리터[6]에 속하는 언어로, 해외 교육기관을 중심으로 사용되고 있다.

파이썬이 일찍부터 교육기관에서 사용된 후 딥러닝 붐에서 AI의 주요한 개발 언어가 된 배경에는 파이썬용으로 개발되어온 라이브러리가 영향을 미쳤다. 그 대표적 사례가 '사이파이SciPy: Scientific Computing Tools for Python'이다.

사이파이는 분석 등의 데이터 사이언스와 고도화된 수치 계산, 시뮬레이션 등에 이용할 수 있는 파이썬용 라이브러리를 모은 패키지이다. 예를 들어 수식을 다루기 위한 라이브러리인 심파이SymPy, 데이터 구조와 데이터 입출력을 취급하는 판다스pandas 등을 사용해 매트랩MATLAB[7]과 같은 적용 수치 해석 소프트웨어와 동등한 계산을 할 수 있다. 그러므로 일부 대학에서는 상용 소프트웨어 대신 파이썬과 사이파이의 라이브러리를 조합해 이용하기도 한다.

그 밖에도 사이파이에는 벡터 계산 등으로 널리 사용되는 네이티브 라이브러리인 '블라스BLAS: Basic Linear Algebra Subprograms'를 사용해 적용된 수치 연산 라이브러리인 '넘파이NumPy'가 포함되어 있다. 이 넘파이 등의 기능을 사용해 다양한 기계학습 모델을 갖춘 것이 '사이킷-런scikit-learn'이다. 사이킷-런의 등장이 AI의 주요한 개발 언어로 파이썬이 선정되는 데 결정적인 역할을 했다.

6 **인터프리터** 소스코드를 순차 해석해 시행하는 소프트웨어.

7 **매트랩** 매스웍스(MathWorks)사가 개발한 수치 해석 소프트웨어.

데이터 사이언티스트 사이에서는 파이썬과 사이파이로 공개되는 라이브러리와 조합해 예측 모델을 개발하는 등 데이터 사이언스를 진행하는 것이 서서히 확산되었다. 그 후 딥러닝 붐에서도 파이썬 상에 기능이 연달아 확장되어, 지금처럼 AI 개발에서는 파이썬을 당연한 듯이 사용하게 되었다.

파이썬은 인터프리터 언어이며 C언어 등의 컴파일러 언어[8]와 비교하면 처리 그 자체가 결코 빠르지는 않다. 파이썬의 주된 역할은 컨트롤에 있으며, 커다란 계산 리소스가 필요한 대부분의 연산은 파이썬으로 불러오는 네이티브 라이브러리로 진행된다.

그러므로 인터프리터라고 해도 연산 성능이 큰 문제가 되는 경우는 드물다. 파이썬은 대화형 쉘로 조작할 수 있으며, 다양한 분석 방법을 시도하면서 얻어진 결과를 가시화해 확인하기 위한 풍부한 도구들도 갖추고 있다. 이러한 관점에서 파이썬은 오늘날 데이터 사이언티스트와 AI 개발자를 위한 표준언어가 되고 있다.

③ 라이브러리/프레임워크

파이썬 등의 언어를 활용해 AI를 개발하기 위한 명령 세트를 만들어내는 것이 '라이브러리/프레임워크' 층이다. 이 층도 기본이 되는 연산 기능은 하위 네이티브 라이브러리 등의 기능을 활용해 갖추어져 있으며, 다양한 기업과 오픈소스 단체에서 소프트웨어를 발매하고 있다.

예를 들어 몬트리올 대학의 벤지오Yoshua Bengio 교수 등이 개발한 '테아노Theano'이다. 테아노는 파이썬을 기반으로 만든 라이브러리로 2010년에 공개되었다. GPU 리소스를 활용해 빠르게 연산하는 기능 등을 도입해 많은 연구자와 개발자

8 **컴파일러 언어** 소스코드로 기계어 등의 프로그램을 생성해 실행하는 언어.

들이 활용하는 등 딥러닝 발전에 큰 영향을 주었다. 그러나 2017년 9월에 개발과 유지보수를 진행하던 밀라MILA: Montreal Institute for Learning Algorithms가 1.0 버전의 발매 후 계속적인 기능 추가를 종료한다고 발표했다.

이 발표를 진행했던 밀라의 대표이기도 한 벤지오 교수의 메시지[9]에서는 성취감이 느껴졌으며, 그와 동시에 역할을 마쳤다는 뜻이 전달된다. 이는 AI 미들웨어 개발의 주된 담당자가 대학의 연구기관에서 구글과 페이스북 등의 기업으로 이동하는 한 시대를 상징하는 사건이라고도 할 수 있다.

구글 등 AI에 많은 투자를 시행하는 기업에게 있어 프레임워크의 우열은 자사의 기술력을 나타내며 유력한 엔지니어를 획득하는 수단이자, 반드시 필요한 것이 되고 있다. 많은 프레임워크들은 경쟁하듯이 소스코드 개발 공유 사이트인 깃허브GitHub 상에서 오픈소스로 공개되어 있다.

그중에서도 인기 높은 AI 프레임워크는 구글이 개발한 **텐서플로**TensorFlow이다. 충분한 준비 후에 등장해 많은 개발자들이 사용하고 있다.

④ 래퍼

각사의 다양한 프레임워크가 등장하면서 이용자가 더욱 사용하기 쉬운 인터페이스를 목표로 하는 움직임이 시작되고 있다. 그것이 바로 래퍼이다. 라이브러리와 프레임워크 기능을 이용해 재설계해 개발되고 있다.

구글의 엔지니어이기도 한 프랑수아 숄레François Chollet가 개발한 '케라스Keras'를 예로 들 수 있다. 케라스에게 실제 계산 기능을 제공하는 것은 백엔드엔진이라

9 **벤지오 교수의 메시지** 원문은 다음 사이트에 공개되어 있다.
https://groups.google.com/forum/#!msg/theano-users/7Poq8BZutbY/rNCIfvAEAwAJ

주된 AI 미들웨어

2010년		
	scikit-learn	2010년 1월 프랑스 국립정보학 자동제어연구소 등의 협력으로 기계학습의 대표적인 모델 등을 개발하는 라이브러리로서 공개
	Theano	2010년 6월 몬트리올 대학의 벤지오 교수 등이 딥러닝을 포함한 기계학습 모델을 개발하기 위한 프레임워크로서 공개
2014년		
	Caffe	2014년 3월 캘리포니아 대학 버클리 캠퍼스의 AI Research로 딥러닝 모델을 개발하기 위한 프레임워크를 공개
	cuDNN	2014년 9월 엔비디아 Theano 등의 딥러닝 프레임워크를 고속화하는 라이브러리를 발표
2015년		
	Keras	2015년 3월 구글 엔지니어인 프랑수아 숄레가 뉴럴 네트워크 등 모델의 설계 효율화를 목적으로 릴리스
	Chainer	2015년 6월 프리퍼드 네트웍스가 딥러닝 모델을 개발하기 위한 프레임워크로서 릴리스
	TensorFlow	2015년 11월 구글이 기계학습과 딥러닝 모델을 개발하는 프레임워크로서 릴리스
2016년		
	CNTK	2016년 1월 마이크로소프트가 기계학습과 딥러닝 모델을 개발하는 프레임워크로서 릴리스
	PyTorch	2016년 10월 페이스북 등이 Torch 기능을 답습해 기계학습 모델을 개발하는 프레임워크로서 릴리스
2017년		
	MXNet	2017년 1월 아마존 등의 지원으로 카네기멜론 대학 등에서 개발한 MXNet이 Apache Incubator에 등록
	Theano	2017년 9월 연내 1.0 릴리스 시 현 체제의 개발을 종료한다고 발표
	Gluon	2017년 10월 마이크로소프트와 아마존이 딥러닝 설계를 효율화하는 새로운 인터페이스로서 릴리스
	ONNX	2017년 12월 페이스북, 마이크로소프트, 아마존, 엔비디아, 암 등이 AI 모델 호환성을 목표로 한 사양으로 책정. 1.0 릴리스

고 불리는 것인데, 앞서 소개한 테아노와 마이크로소프트가 개발한 CNTK Microsoft Cognitive Toolkit, 구글의 텐서플로 등의 프레임워크를 이용할 수 있다.

마찬가지로 래퍼로 인터페이스를 다시 설계하는 움직임은 마이크로소프트와 아마존 등에서 공동으로 진행 중인 글루온 Gluon에서도 나타나고 있다.

더 나아가 AI로 개발된 모델 사양을 공통화해 상호 이용성을 높이는 시도도 시작되고 있다. 그것이 ONNX Open Neural Network Exchange이다.

예를 들어 페이스북을 중심으로 개발이 진행되는 파이토치 PyTorch 상에서 개발된 학습완료 모델을 아마존 등이 내세우는 MXNet에서 실행하는 것이 가능하다. 이 시도에는 마이크로소프트와 페이스북, 아마존 등을 비롯해 엔비디아와 암 ARM 등의 칩 벤더가 참가하고 있기 때문에 클라우드 상에서 개발된 모델을 적용기기 등의 디바이스에 쉽게 도입할 수 있게 된다.

한번 개발된 모델이 호환성이 있는 환경에 있다면 어디서든 활용할 수 있는 세계가 실현될 것이다.

앞으로의 AI 미들웨어

AI 미들웨어를 선택할 때 이전에는 프레임워크별 코딩 스타일이 중요했다. 그러나 서서히 프레임워크가 성숙되면서 각각의 좋은 부분을 취해 편리성을 향상시킴으로써 코딩 스타일이 큰 문제가 되지 않게 되었다.

또한 AI 인프라로서 디팩토 스탠더드가 되는 엔비디아의 AI용 네이티브 라이브러리인 cuDNN The NVIDIA CUDA Deep Neural Network library이 주요 프레임워크에 대응해 학습과 추론 시의 속도 차이도 적어지고 있다. 따라서 프레임워크를 개발하는 벤더들 사이에서는 독자적인 병렬 처리 기능을 갖추어 더 향상된 고속화로 차별화를 꾀하는 벤더들이 등장하고 있다.

한편 최첨단 AI 연구에서는 새로운 아키텍처가 나날이 고안되고 있으며, 이 움직임을 뒤쫓듯이 계속 기능이 도입되고 있다. 그러나 매우 고도화된 수학적 지식과 AI에 관한 첨단 지식 없이는 최신 알고리즘을 도입하기 어려우므로, 쫓아가기 어려운 상황이 되고 있다.

이후에도 당분간은 각 벤더의 프레임워크 개발은 계속될 것으로 예상되지만 테아노가 그 개발에 종지부를 찍었듯이 서서히 수그러들 것으로 보인다. 때에 따라서는 개발 그룹끼리 합류되거나 ONNX처럼 통일된 사양에 맞춘 프레임워크 개발이 진행될 것으로 전망된다.

4-6

AI를 실현하는 방대한 계산 능력

AI 하드웨어

오늘날의 AI 실현 배경에는 방대한 연산 처리를 실현하는 하드웨어의 진화가 있다. 특히 엔비디아가 만든 GPU는 딥러닝에 특화된 기능과 개발 환경을 제공해 핵심적인 역할을 담당하고 있다.

GPU가 딥러닝 처리를 가속화

딥러닝을 실현하기 위해서는 방대한 수치 연산이 필요하다. 이 방대한 수치 연산 능력을 제공하는 것이 Graphics Processing Unit: GPU이다. GPU는 원래 컴퓨터 이미지 표시를 고속화하기 위한 연산 장치였지만 수치 연산 능력이 뛰어나 최근에는 딥러닝뿐만 아니라 슈퍼컴퓨터에도 활용되고 있다.

딥러닝 등 기계학습 분야에서의 GPU의 이용은 2000년대 초반부터 시작되었다. 그러나 당시에는 GPU를 이용하기 위한 소프트웨어 개발 환경이 정비되어 있지 않았으며, 그 이용 또한 한정적이었다.

2000년대 후반이 되면서 GPU가 가진 높은 연산 성능을 이미지 표시 이외의 분야에서 이용하려는 움직임이 활발해지기 시작했다. GPU를 범용 컴퓨팅용으로 활용하기 위한 기술은 GPGPU General-Purpose computing on Graphics Processing Units라고 불리게 되었으며, 연구자 사이에서의 인지도도 확대되고 있다. 당시 GPU를 개발하던 주요 벤더로는 2006년에 칩 벤더인 AMD에 인수된 ATI 테크놀로지와 엔비디아 두 회사가 있다. 특히 엔비디아는 개발 환경을 정비하는 데 주력하고 있으며, 2007년에 쿠다CUDA: Compute Unified Device Architecture라는 GPU용 개발 환경을 제공하기 시작했다.

딥러닝에서 GPU의 중요성을 결정짓게 된 것은 2013년에 엔비디아의 브라이언 카탄자로Bryan Catanzaro와 스탠퍼드 대학의 앤드루 응 교수가 시행한 실험이었다. 그들은 GPU를 이용해 당시 '구글의 고양이[10]'로 알려진 딥러닝을 활용한 학습 처리를 기존 서버의 100분의 1 이하의 가격과 소비전력으로 실현했다. 그 후 많은 연구자들이 엔비디아가 만든 GPU와 그 개발 환경인 쿠다를 이용해 딥러닝 연구 개발을 하게 되었다. 현재는 엔비디아가 만든 GPU의 이용이 딥러닝 연구 개발 플랫폼에서의 디팩토 스탠더드가 되고 있다.

GPU 환경의 선택지

실제로 GPU를 이용하는 데는 몇 가지 수단이 있다. 가장 저렴한 방법은 보통 PC에 소비자용으로 판매되는 GPU 카드(다음 페이지 그림)를 장착하는 방법이다. 소비자용 GPU 카드는 가격이 저렴하지만 신뢰성과 성능 면에서 서버용 GPU 카드보다 뒤떨어진다. 그러나 필요한 연산량이 적은 경우나 알고리즘 개발용으로는 현실적인 선택지 중 하나이다.

소비자용 GPU 카드를 이용할 때는 소프트웨어 라이선스의 이용 시 주의사항을 명심해야 한다. 2017년 12월 20일에 엔비디아는 소비자용 GPU의 디바이스 드라이버 소프트웨어의 라이선스에 데이터센터로의 도입을 금지하는 조항을 추가했다. 따라서 저렴한 소비자용 GPU는 사무실이나 실험실 환경에서만 이용할 수 있게 되었으며, 데이터센터에 설치해 서버처럼 이용하는 것은 라이선스 위반이 되었다.

10 **구글의 고양이** YouTube에서 추출한 이미지 1,000장으로 딥러닝을 통한 학습을 시행해 인간의 얼굴, 고양이의 얼굴, 인간의 몸 사진에 반응하는 인공 뉴런을 만들어냈다.

엔비디아 GPU 카드

©NVIDIA

서버용 GPU는 소비자용 카드에 비해 가격이 거의 한 자릿수만큼 더 비싸지만, 딥러닝을 활용한 대규모 학습 처리가 필요한 조직에서는 서버용 GPU를 여러 대 장착한 이른바 GPU 서버를 이용하고 있다. 몇 년 전까지는 서버용 제품과 소비자용 연산기 코어가 거의 같았지만 최근의 서버용과 하이엔드 소비자용 제품은 딥러닝 전용 Tensor 코어라고 불리는 연산기를 탑재해 성능이 향상되었다. 최신 Volta 아키텍처의 GPU는 640개의 Tensor 코어를 탑재하고 있으며, 적화연산을 120TFlops[11]라는 성능으로 처리한다.

또한 NVLink라는 고속 네트워크 I/F가 탑재되어 있어, 여러 GPU의 관계를 이

11 **120TFlops** TFlops=1초간의 부동소수점(수치) 연산 횟수가 1T(테라, 10의 12제곱)임을 나타내는 단위. 참고로 연산 정밀도는 다르지만 2002년에 운용을 시작한 당시 세계 최고 성능의 슈퍼컴퓨터 '지구 시뮬레이터'의 성능은 35.9TFlops였다.

엔비디아 GPU의 성능

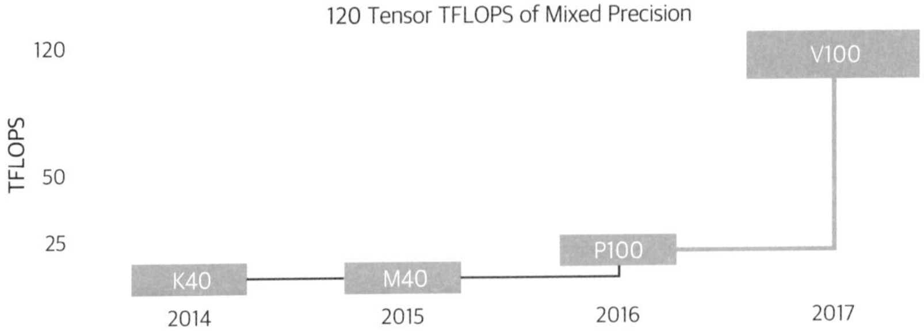

출처: NVIDIA TESLA V100 GPU ARCHITECTURE를 바탕으로 작성

용한 병렬 처리 시의 성능 향상을 도모할 수 있게 된다. 그러므로 대규모 병렬 시스템을 이용한 학습 환경을 구축하기 위해서는 반드시 GPU 서버를 이용해야 한다.

GPU 서버를 이용하는 데는 자사에서 서버를 구입해 데이터센터에 설치하는 형태와 아마존이나 구글의 클라우드 형태가 있다. 클라우드 서비스에서의 GPU 인스턴스는 비교적 고가이기 때문에 GPU 서버의 가동률이 높은 경우, 비용 면에서는 클라우드를 이용할 메리트가 없다. 예를 들어 개인 데이터 등을 대상으로 한 처리에는 자사가 가진 GPU 서버를 이용하며, 자사가 보유한 서버 리소스가 부족한 경우에는 클라우드를 이용하는 등 차별화가 필요하다.

더 나은 성능 향상을 위해

엔비디아가 독점하고 있는 딥러닝의 하드웨어 플랫폼이지만 GPU보다도 소비전력당 연산 성능을 더 높이기 위해 다른 수단을 강구하는 움직임이 활발해지고 있다. 그러나 추론 처리에 대해서는 FPGA[12]의 이용과 도입용 AI 디바이스

12 FPGA Field Programmable Gate Array의 약자. 프로그램으로 회로의 구성을 변경할 수 있는 집적회로.

의 개발이 활발히 진행되고 있는 것에 반해 학습 처리에 관해서는 그다지 선택지가 없는 것이 현실이다.

이러한 와중에 몇 가지 안 되는 선택지 중 하나가 되는 것이 구글의 TPU Tensor Processing Unit 이다. TPU는 자사가 제공하는 기계학습 플랫폼인 텐서플로 처리를 고속화하는 디바이스로, 제1세대 TPU는 2016년 5월에 그 존재가 공표되었다. 애초 이 디바이스는 추론 처리에만 대응했지만 2017년에 발표된 TPU2.0과 2018년에 발표된 TPU3.0은 학습 처리에도 대응하게 되었다.

TPU는 2015년부터 구글 사내에서 이용되고 있으며, 2016년 발표 시점에 알파고 외에 클라우드 머신 러닝 Cloud Machine Learning과 구글 거리뷰, 음성 검색 등 100개 이상의 구글 개발팀에서 활용되었다. 안타깝게도 TPU는 칩으로는 시판되고 있지 않지만 구글의 클라우드 환경에서 이용할 수 있다.

4-7

'학습완료 모델'과 'AI 생성물'은 누구의 것인가

AI에 관한 지적재산권

방대한 지식과 데이터를 투입해 만들어낸 AI와 그 생성물이 높은 시장가격을 형성하기 시작했다. 이에 따라 '학습완료 모델'과 'AI 생성물'의 지적재산 취급에 관한 논의 또한 활발해지고 있다.

저작권 보호에는 프로그램 부분의 창조성이 필요

일본에서는 AI로 대표되는 새로운 지적재산의 창출에 관한 규칙 제정을 위한 검토를 내각부의 지적재산전략본부에서 진행하고 있다. 2017년 3월에 '새로운 정보재검토위원회 보고서'라는 형태로 '학습완료 모델'과 'AI 생성물'에 대한 검토 결과를 정리했다.

현행 지적재산 제도에서는 사상과 감정을 창조적으로 표현한 것이 저작권으로 보호된다. 예를 들어 딥러닝에 의한 '학습완료 모델'은 파이썬 등의 프로그램 언어로 기술된 뉴럴 네트워크의 구조와 학습 결과로 얻어진 파라미터로 구성되어 있다. 이들 중에 기계로 자동 생성되는 '학습완료 모델'의 파라미터 부분은 저작물로 인정될 가능성이 낮다고 생각한다. 그러므로 '학습완료 모델'이 저작물로 보호될지의 여부는 프로그램 부분의 창작성에 좌우된다. 그러나 지금은 프로그램 부분에 창작성이 있는지를 판단하는 명확한 기준이 없으므로 부정경쟁 방지법과 계약으로 보호를 검토할 필요가 있다.

'학습완료 모델'에는 기존의 '학습완료 모델'을 활용해 만든 **파생 모델**과 **증류 모델**이라고 불리는 타입이 있다.

파생 모델이란 기존의 '학습완료 모델'을 새로운 모델의 초기치로 이용해 단시간에 성능이 뛰어난 모델의 구축을 목표로 한다. 파생 모델의 경우, 프로그램 부분의 저작권이 인정된다고 해도 파생 모델을 만들기 위해 학습 데이터를 제공한 사람은 법적으로 아무런 권리도 인정받지 못하기 때문에 주의가 필요하다.

또한 증류 모델은 기존 '학습완료 모델'의 입력과 출력(추론 결과)을 이용해 만든 '학습완료 모델'이다. 증류 모델은 단기간에 간결하고 성능이 뛰어난 모델을 생성하는 방법으로 알려져 있다. 증류 모델은 기존 '학습완료 모델'과 동일한 뉴럴 네트워크를 이용할 필요가 없으며 완성한 증류 모델은 바탕이 된 '학습완료 모델'에 의거한다는 것을 입증하기 어렵다. 그러므로 다른 사람이 만든 '학습완료 모델'을 무단으로 이용해 증류 모델을 생성했다고 해도 저작권 침해가 성립할 가능성이 적다.

이러한 상황을 악용하면 벤더가 저작권이 있는 기존의 '학습완료 모델'을 이용해 사용자가 마음대로 증류 모델을 구축하는 일이 발생한다. 이러한 문제가 일어나지 않게 하기 위해서라도 계약을 통한 기존 '학습완료 모델'에 대한 보호는 더욱 중요해질 것으로 생각한다.

AI, 데이터 이용에 관한 계약 가이드라인

일본 경제산업성은 2018년 4월 27일, 'AI, 데이터의 이용에 관한 계약 가이드라인(안)'을 공표했다. 이 가이드라인은 데이터 편과 AI 편으로 구성되어 있다. AI 편에서는 AI 소프트웨어의 특성을 바탕으로 개발·이용 계약을 작성할 때 고려해야 할 요소, 당사자의 적절한 인센티브 형성 방법, 분쟁 예방법 등에 대해 기본적인 방안을 제시하고 있다.

이 가이드라인에서는 AI를 이용한 학습 모델의 개발과 서비스 이용에서 다음과 같은 과제가 있다는 것을 바탕으로 책정이 진행되었다.

① AI 기술의 특성을 당사자가 이해하고 있지 않은 점

② AI 기술을 이용한 소프트웨어 권리 관계, 책임 관계 등의 법률 관계가 명확하지 않은 점

③ 사용자가 벤더에게 제공하는 데이터에 높은 경제적 가치와 비밀성이 있을 수 있다는 점

④ AI 기술을 이용한 소프트웨어의 개발·이용에 관한 계약 관행이 확립되지 않았다는 점

가이드라인에서는 이와 같은 과제를 바탕으로 학습완료 모델의 개발 계약과 이용 계약에서의 포인트를 정리하면서 적용법의 선택과 분쟁 해석의 수단, 더 나아가 데이터 취급에 관한 규제의 나라별 차이 등 국제적 거래 시의 주의사항도 언급하고 있다.

또한 데이터 편은 데이터의 이용, 가공, 양도 등 데이터를 대상으로 한 계약이 완전하지 않은 계약(계약 체결 후에 발생할 수 있는 사태를 망라하지 않은 계약인 점)이 될 수 있다는 점을 고려해 합리적인 계약을 체결하는 데 도움이 되도록 책정되어 있다. 구체적으로는 데이터에 관한 계약을 다음의 세 가지 형태로 정리해 계약 조항의 사례를 나타내고 있다.

① 데이터 제공형

데이터 제공자가 다른 당사자에게 데이터를 제공할 때 다른 당사자의 이용 권한, 기타 제공 조건 등을 결정하는 계약

② 데이터 창출형

데이터가 새롭게 창출되는 상황에서 데이터 창출에 관여한 당사자끼리 데이터의 이용 권한에 대해 합의할 필요가 있는 경우의 계약

③ 데이터 공유형

플랫폼을 이용한 데이터의 공유를 목적으로 한 유형의 계약

이 가이드라인은 2018년 5월에 의견 수렴 접수를 마감한 단계이며, 이후 검토될 것이다. 그러나 현시점에도 AI 개발 시의 주요 유의사항이 정리되어 나타나 있으며, 이후 AI 개발과 계약 담당자들이 반드시 숙지해야 할 가이드라인이 될 것으로 생각한다.

'AI 생성물' 지적재산권

'학습완료 모델'과 마찬가지로 'AI 생성물'에 대해서도 현행 지적재산 제도로는 사상과 감정을 창의적으로 표현한 것이 저작물로 보호받고 있다. 그러므로 AI를 활용해 사람이 만들어낸 것은 일반 저작물과 마찬가지로 취급된다. 그러나 AI 이용자의 기여가 창작적 기여로 인정받지 못하는 간단한 지시에 그칠 경우, 해당 AI 생성물은 AI가 자율적으로 생성했다고 간주해 저작물로 인정되지 않는다.(다음 페이지 그림)

AI로 대표되는 선진 기술로 만든 생성물에 지적재산권을 부여할지를 생각할 때, 상반되는 두 가지 논점이 있다. 첫 번째는 AI 등을 이용해 단시간에 대량의 생성물이 만들어질 가능성이 있다는 점이다. 이러한 생성물에 저작권을 인정하게 되면 과도한 보호가 상정되어 특정 기업의 시장 독점이 우려된다. 또 한 가지는 AI 등으로 만든 생성물에 특정한 보호가 인정되지 않으면 최초로 생성물을 만드

'AI 생성물'의 저작권

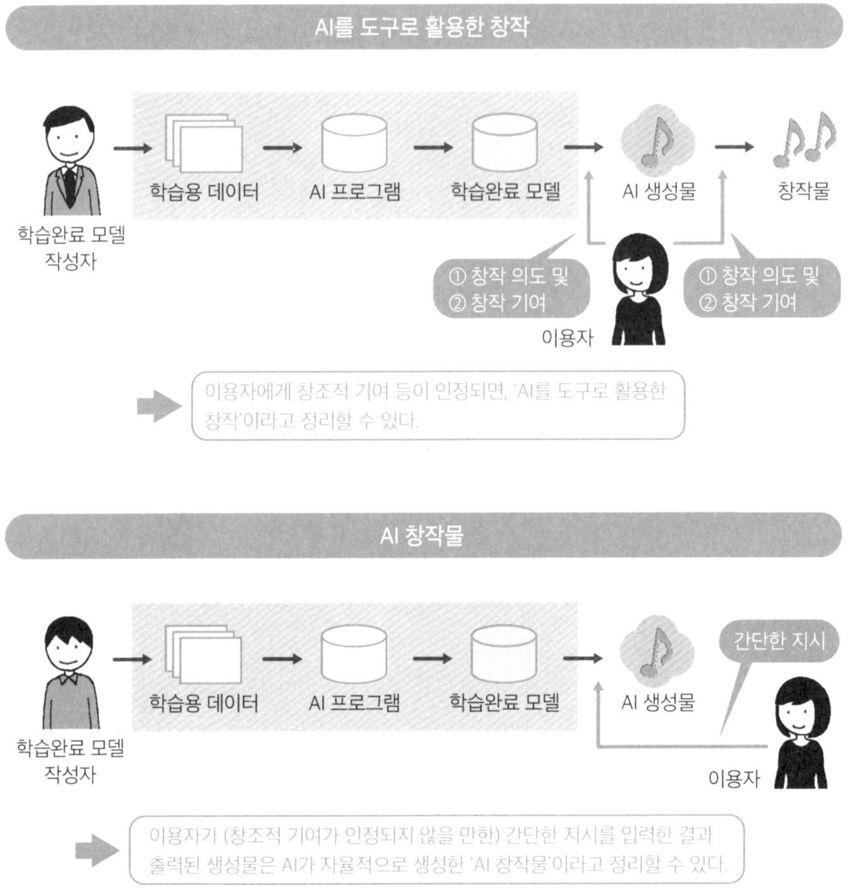

※ 또한 AI가 창작 의도를 가지고 완전 자율적으로 창작할(강한 AI의 경우) 때는 AI 창작물에 해당한다.

출처: 새로운 정보재산검토위원회 보고서의 개요를 바탕으로 작성

는 기업 등에 대한 인센티브가 없어진다는 우려가 있다.

이처럼 상반된 논점도 있으며, 일본에서는 인정되지 않는 'AI 생성물'에 대한 저작권이 다른 나라에서는 인정되는 경우도 있다. 영국에서는 사람이 창작에 관여하지 않은 컴퓨터를 활용한 생성물에 대해 저작권 보호를 인정하고 있다. 현재

'AI 생성물'에 대한 각국의 논의는 이제 막 시작된 시점이며 의견도 통일되어 있지 않다. 그러나 이후 AI의 창조력이 높아질 것은 틀림없으므로 기업은 생성물의 권리를 확보하는 수단을 의식해 기술에 활용해야 한다.

COLUMN 중국에서 독자적으로 진화한 신용평가 시스템

미국처럼 국가 전략으로 AI를 개발하는 나라가 바로 중국이다. 중국에서 AI를 활용해 독자적으로 진화를 이룬 것이 '**쯔마신용芝麻信用**'과 같은 신용평가 시스템이다.

쯔마신용이란, 알리바바Alibaba 산하의 앤트 파이낸셜Ant Financial의 결제 서비스인 '알리페이'를 위해 2015년에 시작된 서비스이다.

알리페이의 결제 상황을 비롯해 알리바바를 운영하는 EC 서비스의 구매 이력, SNS 투고 내용과 친구 관계, 게임 플레이 시간과 같은 이력을 바탕으로 종합적으로 점수가 매겨진다. 스코어는 350점부터 950점 범위이며, 높은 점수가 되면 이 회사에서 금리 등의 우대 서비스를 받을 수 있는 시스템으로 시작되었다.

융자를 위한 점수 측정은 오래전부터 존재했지만 중국에서 확산된 신용평가 시스템은 점수의 바탕이 되는 데이터의 다양성과 규모, 그리고 점수가 매겨진 본인이 확인할 수 있다는 점 등 지금까지는 없던 특징을 가지고 있다.

중국에서는 지금 이 신용평가 시스템의 점수를 바탕으로 한 서비스가 사회에 침투해 이용률이 급속히 확대되고 있다. 예를 들어 2018년 3월에 중국에서 시작한 번호판을 이미지 인식해 고속도로 이용료를 결제하는 서비스에서는 이용 조건을 550점 이상의 점수로 설정했다.

또한 싱가포르처럼 비자 신청에 필요한 서류를 신용점수에 근거해 일부 면제하는 사례도 등장하고 있다. 현재 중국에서는 일상 속의 다양한 서비스에 신용평가 시스템을 도입하고 있으며, 일종의 사회 인프라가 되고 있다.

● 신용평가 시스템의 개요와 관련 서비스

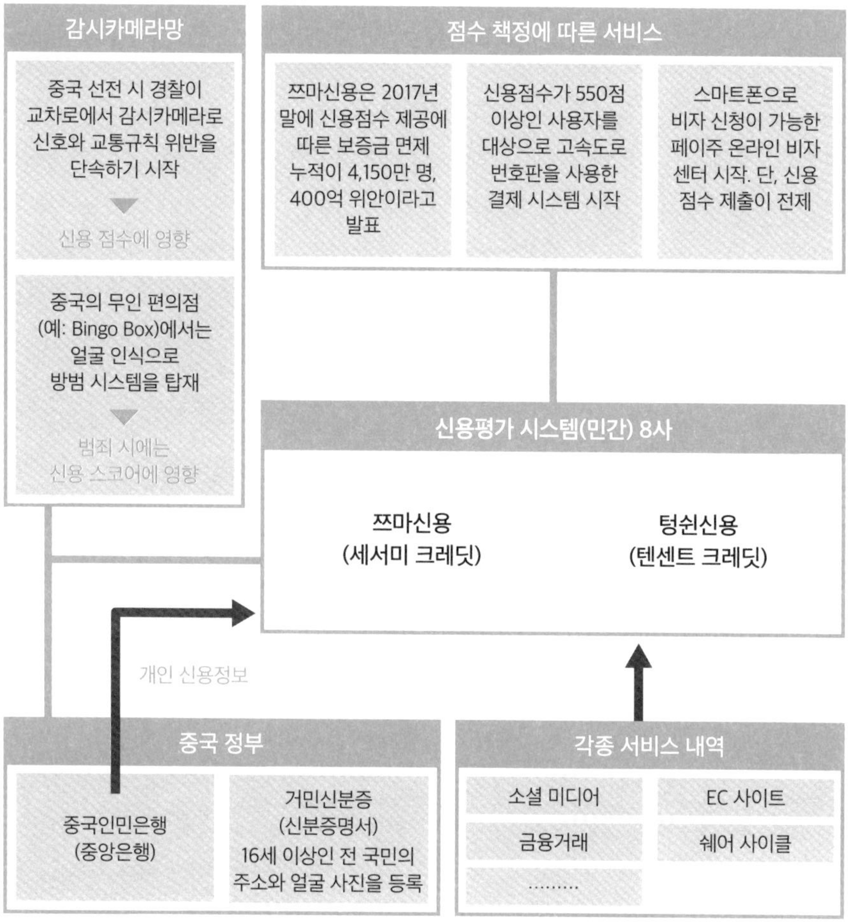

출처: 노무라 종합연구소

이 밖에도 신용평가 시스템의 이용 확대를 나타내는 것으로, 높은 점수를 얻은 사람에게 제공되는 각종 서비스 이용 시 보증금의 총 면제액이 있다. 가장 규모가 큰 기업인 쯔마신용은 2017년 말에 누적 이용자가 4,150만 명에 달했으며 총 400억 위안(약 7조 300억 원)에 이르는 금액이 면제되었다.

신용평가 시스템은 마찬가지로 결제 서비스를 운영하는 텅쉰騰訊과 보험 등으로 유명한 핑안平安 등이 구축하고 있다.

기본이 되는 개인 신용정보는 중국의 중앙은행인 **중국인민은행**의 정보를 이용해 각 회사가 독자적으로 가진 데이터를 더해 점수를 산출한다. 기본이 되는 데이터의 관리를 중앙은행이 컨트롤해 신용점수 이용에 관한 남용이 발생하면 업무 정지에 상당하는 판단이 즉시 내려지는 등 각 회사가 정부의 강한 영향력 아래에 있다.

2018년 2월에는 미래에 정부가 진행할 통일 신용평가 시스템의 구축을 목표로 해 **백행정신유한공사百行征信有限公司**가 설립되었다. 민간에서 평가 시스템을 운용하는 기업도 출자하는 형태가 되었지만 36%나 되는 가장 높은 출자 비율은 정부계 기관인 '중국 인터넷 금융협회'이다.

이러한 점에서 앞으로는 중국 정부가 획득하기 어려웠던 신용평가 시스템을 갖춘 각 회사에 산재한 개인행동에 관한 데이터를 신용정보 수집이라는 명목으로 흡수해 '빼앗게' 될 것으로 생각한다.

중국 정부는 사회 감시 시스템이라고도 불리는 '**천망공정天網工程**'을 개발해 이미 치안상의 우려가 컸던 도시를 중심으로 수천만 대에 이르는 감시카메라망을 구축하고 있다. 이 시스템에는 1초당 30억 건이나 되는 데이터 대조와 99.8%의 정밀도를 자랑하는 인물 대조 시스템이 적용되어 2017년에는 2,000명의 용의자 검거로 이어졌다.

천망공정을 뒷받침하는 데이터는 '**거민신분증**'이다. 거민신분증이란 만 16세 이상의 전 국민에게 중국 정부가 휴대를 의무화한 얼굴 사진이 들어간 신분증명서이다. 이 데이터 때문에 정부는 감시카메라를 통해 인물을 매우 쉽게 조회할 수 있다.

이미 중국에서는 거리에 설치된 감시카메라를 통해 사람을 조회하고 개인행동을 감시하는 것이 가능하게 되어 있다. 따라서 미래에 정부에 의한 통일신용평가 시스템이 더해지면 개인의 실세계와 가상공간 양면에서의 행동을 파악하는 것이 가능하고, 개인의 등급을 부여하는 것이 한층 더 진행될 가능성이 있다.

이와 같은 시스템은 알리바바를 통해 스마트시티 시스템으로 말레이시아에 도입되기로 예정되어 있다. 목적은 어디까지나 수도 쿠알라룸푸르의 만성적인 교통 체증을 완화하기 위해서이다. 그러나 정부가 치안 감시를 강화하겠다고 결정하면 바로 천망공정과 같은 감시 시스템이 될 가능성도 있다.

정보량이 늘어나 비약적으로 성능이 높아지는 AI에 있어서 효율적인 정보 수집과 처리를 가능하게 하는 플랫폼의 구축은 그 진화에 빠질 수 없다. 극단적으로 말하자면, 국가 전략으로서 AI의 경쟁력을 높이기 위해 필요한 인프라라고 받아들이는 방법도 있을 것이다. 지금 중국에서는 점수 책정으로 얻게 되는 메리트와 감시를 강화해 얻는 치안 향상이 우선인 것처럼 보인다. 그러나 이는 양날의 검이라는 점도 잊어서는 안 될 것이다.

앞으로의 AI의 진화와 발전을 생각할 때 중국은 간과할 수 없는 나라가 되고 있다. 또한 동남아시아나 인도와 같은 신흥국에서도 스마트폰 등의 인프라 보급으로 현지에서 독자적으로 진화한 IT 서비스가 나타나고 있다. 이들은 일약 최신 기술이 적용되어 보급된다는 점에서 '**립 프로깅**Leap Frogging'이라고 불리며, 우리가 모르는 사이에 폭발적으로 확산되어 선진국에 역수입되는 경우도 등장하고 있다.

유럽 등 선진국의 동향을 시작으로 앞으로는 신흥국의 IT 기술도 지켜볼 필요성이 높아지고 있다.

CHAPTER 5

첨단 이론을 이해하자! AI의 원리와 연구의 최전선

현재 AI의 핵심이 되는 딥러닝에는 여러 종류가 있으며 각각 이미지 인식과 자연언어 처리와 같은 전문 영역이 있다.

이번 장에서는 대표적인 딥러닝의 동작 원리와 첨단 이용 사례를 소개하며 기술을 활용할 때의 과제에 대해서도 알아볼 것이다. 기반이 되는 이론을 습득하면 자신의 힘으로 AI 지식을 심화시킬 수도 있다.

5-1

이미지 인식 이외에도 확대되어 적용

CNN

CNN은 원래 인간의 시각 기능을 모방해 만들어졌기 때문에 이미지 인식이 주된 이용처였다. 그러나 최근에는 적용 범위가 확대되어 신호 처리와 자연언어 분야에서도 사용할 수 있게 되었다.

CNN이란?

콘볼루션 신경망 Convolutional Neural Network: CNN은 이미지처럼 규칙적으로 배치된 데이터를 처리하는 뉴럴 네트워크 모델이다. CNN이라는 명칭은 처리 시에 '콘볼루션convolution'이라는 수학적 연산 처리를 이용한다는 점에서 유래했다.

다음 페이지 그림에 CNN을 이용한 뉴럴 네트워크의 구성을 나타냈다. CNN은 입력층과 출력층 사이에 콘볼루션 계층과 통합Pooling 계층을 한 쌍으로 만든 것을 나열해 실현된다.

CNN을 구성하는 콘볼루션 계층과 통합 계층은 일종의 필터 기능이다. 콘볼루션 계층의 기능은 이미지 등 입력 데이터의 특징을 파악하는 것이다. 그리고 통합 계층의 기능은 콘볼루션 계층으로 얻은 특징 데이터 내의 위치에 대한 의존성을 줄이는 것이다. 통합 계층이 존재함으로써 대상이 되는 특징의 위치가 입력 데이터 안에서 다소 어긋난다고 해도 같은 특징으로 인식되는 것이다. 이미지 인식의 경우, 일단 콘볼루션 계층과 통합 계층 쌍을 통한 처리 대상은 3화소×3화소와 같은 한 변이 몇 화소 정도인 정사각형의 영역이다.

이전 단계의 계층에서는 3화소×3화소 정도의 좁은 영역의 특징을 파악했다. 중간 단계의 계층에서는 이전 계층에서 얻은 특징을 처리해 9화소×9화소와 같

CNN의 구성 사례

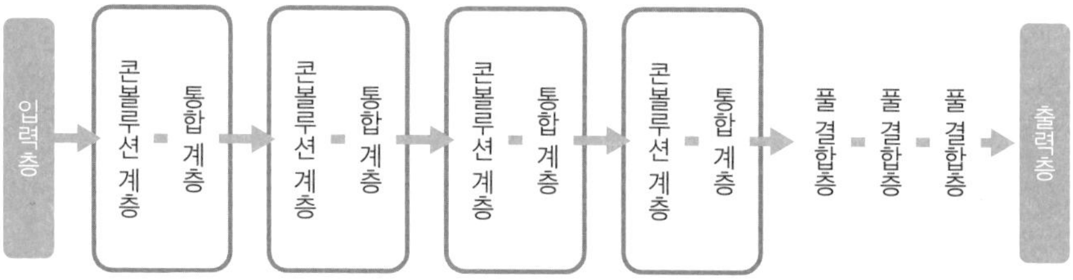

은 원래 이미지보다 더 넓은 범위의 특징을 받아들이게 된다.

구체적으로는 이전 단계에서 가로세로 기울기와 같은 선을 추출하고, 중간 단계에서는 이들이 조합된 사각이나 삼각과 같은 형상을 파악하는 처리가 이루어진다. 이러한 처리가 반복되면서 복잡한 특징을 파악한다.

최종 단계에서는 이미지 전체에서 추출된 특징을 조합해 개나 고양이 같은 대상물을 인식하게 된다.

CNN의 진화와 적용 영역의 확대

2012년에 열린 'ILSVRC ImageNet Large Scale Visual Recognition Challenge'라는 이미지 인식 콘테스트에서 CNN을 활용한 팀이 압도적인 성능으로 우승한 뒤에도 CNN을 이용한 뉴럴 네트워크는 성능이 계속 향상되었으며 2015년에는 인간 이상의 인식률이 실현되었다.

성능 향상과 함께 뉴럴 네트워크의 복잡성도 증가하고 있다. 231페이지 그림은 최근 발표된 이미지 인식용 뉴럴 네트워크의 성능(인식의 정확도)과 처리량을 그래프로 만든 것인데, 성능이 향상됨에 따라 연산량이 증가하고 있다는 것을 알 수 있다. 또한 네트워크의 복잡성의 지표가 되는 계층 수도 2012년의 ILSVRC에서 우승한 AlexNet이 8층이었던 것에 비해 2015년에 우승한 ResNet은 152층으로 크게 늘어났다.

적용 영역도 확대되고 있다. CNN이 가장 잘 이용되는 분야는 이미지 인식 분야이다. 구체적으로는 이미지로 개나 고양이 등을 식별하는 클래스 분류, 이미지 내의 대상물을 둘러싼 상자를 추정하는 물체 검출, 물체 영역을 화소 단위로 식별하는 세그먼테이션과 같은 기본적인 처리를 비롯해 얼굴 인증과 문자 인식 같은 애플리케이션에도 사용되고 있다.

CNN은 시계열 데이터[1]에도 적용할 수 있다. 다만 CNN의 입력층인 뉴런의 수는 학습 시에 정해진 수로 설정해야 하므로 고정길이[2]의 입력 데이터밖에 파악할 수 없다는 점에 주의해야 한다. 예를 들어 음성 시계열 데이터를 10ms와 같은 고정길이로 분할해 순차 처리할 수는 있다. 그러나 글의 자연언어 처리처럼 단어의 수가 몇 개가 될지 알 수 없는 부정길이[3]의 데이터를 처리하려면 연구가 필요하다. 구체적으로는 상정되는 입력문의 단어 수에 대해 충분한 수의 뉴런을 입력층으로 준비하는 대처가 필요하다.

자연언어 처리에 대해서는 정밀도와 알고리즘 내장의 관점에서 다음 절에서 소개할 RNN Recurrent Neural Network을 이용하는 것이 일반적이다. 그러나 CNN은 병렬 처리를 하기 쉬우며, RNN보다 고속 처리가 가능하므로 자연언어 분야에 관한 적용 연구가 주목을 끌고 있다. 최근에는 센티멘트 애널리시스 Sentiment analysis[4]나 글의 내용을 정치나 경제와 같은 카테고리로 분류하는 클래스 분류, 음성 인식과 문자 인식의 후처리로 사용되는 언어 모델 등으로 좋은 성과를 얻고 있다.

1 **시계열 데이터** 시간적으로 변화하는 데이터. 기온의 변화와 매일의 주가 추이 등이 있다.
2 **고정길이** 길이가 일정하게 정해진 것.
3 **부정길이** 길이가 일정하게 정해지지 않은 것.
4 **센티멘트 애널리시스** 데이터로 감정을 분석하는 방법.

● 일반 물체 인식용 딥러닝 모델

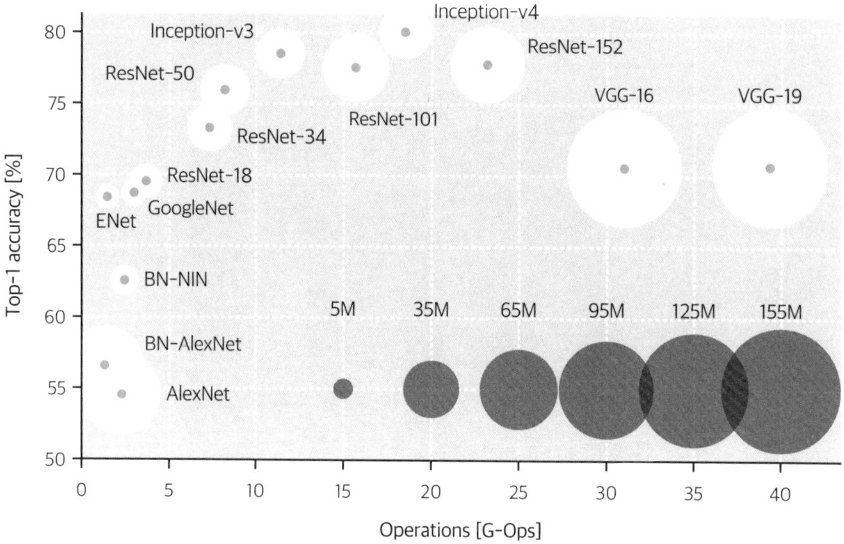

출처: arXiv : An Analysis of Deep Neural Network Models for Practical Applications
원의 크기는 뉴럴 네트워크의 파라미터 수

CNN의 과제

CNN은 원래 인간의 시각 기능을 참고해 고안된 것이다. 그러므로 구조적으로는 인간의 시각 기능과 유사하지만, 때로는 인간의 시각과는 전혀 다른 거동을 나타낸다. 최근 연구에 따르면 CNN으로 이미지를 인식할 때 입력 이미지에 아주 약간의 잡음을 더해 인간에게는 불가능한 잘못된 인식을 AI에게 시키는 일이 가능하다는 것을 알게 되었다.

추가하는 잡음은 인간이 인식할 수 없는 노이즈 같은 레벨인 경우도 있으며, 인간에게는 의미가 없이 보이는 변화인 경우도 있다. 이렇게 AI에게 잘못된 인식을 유발하도록 만들어진 이미지는 **적대적 예시**adversarial example라고 불린다. 적대적 예시 중에서도 특히 문제시되는 것이 실세계에 있는 물체를 조금 가공해 잘못

도로 표식에 대한 적대적 예시

출처: CVPR2018 Robust Physical-World Attacks on Deep Learning Visual Classification

된 인식을 유발하는 일이다. 위 그림은 미국 워싱턴 대학의 이반 에브티모프 Ivan Evtimov 연구진이 발표한 연구 결과 사진인데, '정지'라는 도로 표식에 여러 장의 스티커를 붙이는 것만으로 시속 45마일의 '속도 규제' 표식으로 인식시키는 데 성공한 것이다.

이러한 적대적 예시 공격이 자동운전 차량의 안전성에 커다란 위협이 되고 있다는 점은 명확하다. 워싱턴 대학이 발견한 적대적 예시의 처리 방법에 대해서는 이미 연구가 진행되고 있다. 그러나 이와 비슷한 문제들은 앞으로도 꾸준히 발생할 것이다. IT 분야에서의 보안 문제 대응과 같이 AI가 사회에 널리 받아들여지려면 이러한 문제에 대해 정면으로 맞서야 할 필요가 있다.

5-2

자연언어 처리를 실현하는 기술

RNN

RNN은 CNN과 마찬가지로 대표적인 딥러닝 모델이다. RNN은 자연언어 처리에 의한 시계열 데이터를 취급하는 것이 특징이다. 최근에는 IoT와도 관련이 있어 기기의 이상 검지나 예측에도 사용되고 있다.

RNN이란?

CNN은 이미지 같은 2차원 데이터뿐만 아니라 시계열 데이터 같은 1차원 데이터도 취급할 수 있지만 입력을 고정길이로 설정해야 한다는 제한이 있다. 그러므로 미리 길이가 정해지지 않은 문자와 같은 데이터를 처리할 때는 여러 가지 연구가 필요하다.

RNN Recurrent Neural Network 은 부정길이 데이터를 더 자연스럽게 다룰 수 있는 뉴럴 네트워크이다.

다음 페이지 위 그림은 RNN의 구조를 나타낸 것이다. CNN과 달리 특징적인 것은 은닉층에 자신의 출력값 h를 다시 입력으로 이용하는 피드백 루프의 기능을 가지고 있다는 점이다.

실제로 시계열 데이터를 RNN에 입력했을 때의 동작을 RNN을 시간 방향으로 전개한 다음 페이지 아래 그림으로 설명해보겠다. 이 그림에서는 세로축 방향으로 시간이 진행되며 입력층에 대한 입력값은 시간과 함께 x_0, x_1, …, x_T로 변화한다. CNN처럼 피드백 루프를 가지지 않는 뉴럴 네트워크의 경우, x_1이 입력된 시점에서는 x_0에 관한 정보가 뉴럴 네트워크에 남아 있지 않기 때문에 h_1 산출에는 어떠한 영향도 주지 않는다. 그에 반해 RNN에는 피드백 루프가 있으므로 h_1

RNN의 구조

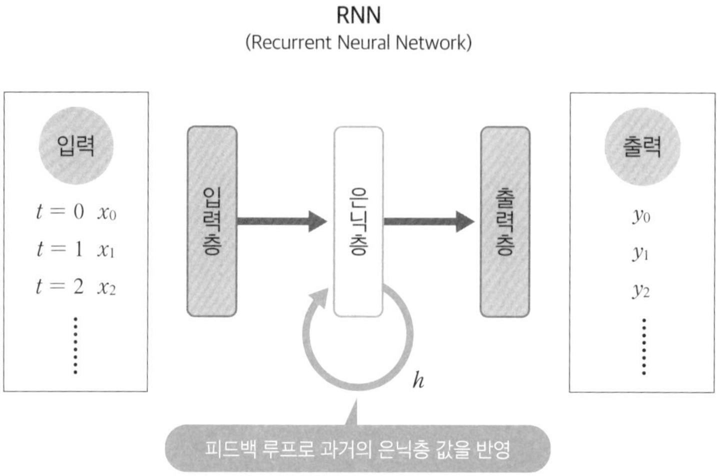

RNN의 시간축 전개

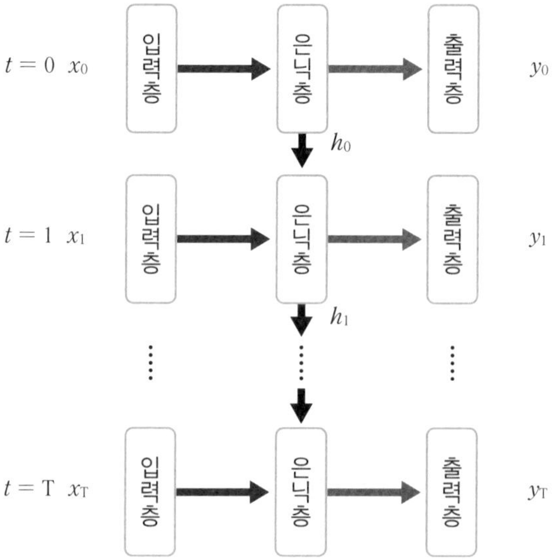

산출 시에 $t=0$일 때 은닉층의 출력값 h_0를 이용할 수 있다. 마찬가지로 h_2 산출 시에는 h_1을 이용하기 때문에 x_2뿐만 아니라 x_0, x_1 값도 활용하게 된다. 이처럼 RNN은 입력층 뉴런을 사전에 여러 개 준비하지 않고도 과거의 입력 데이터를 활용하면서 시계열 데이터의 처리를 실현한다.

RNN을 활용한 언어 모델

그렇다면 조금 더 구체적인 사례로서 RNN으로 언어 모델을 움직이는 것을 생각해보자. 언어 모델이라는 것은 문장 중에 있는 문자와 단어 뒤에 출현하는 문자와 단어의 확률을 예측하는 모델이다. PC와 스마트폰으로 문자를 입력할 때 다음 단어의 후보를 예측하는 기능과 문장의 교정 등에 이용할 수 있다.

예를 들어 언어 모델에 '매일 더운 날이'라는 글을 입력한다. 그러면 입력에 단어를 하나 입력하는 것만으로도 RNN은 다음에 출현할 가능성이 큰 단어를 예측해 출력한다. 구체적으로는 '매일 더운 날이'라는 글을 입력하면 그 뒤에 '계속된다', '계속되었다'와 같은 단어가 출현할 가능성이 크다고 예측한다.

실제로 언어 모델을 구축하기 위해서는 대량의 문장으로 RNN 모델을 학습시킬 필요가 있다. 학습용 문장으로는 위키피디아의 문장과 국립국어연구소가 제공해 구축한 코퍼스(언어를 분석하기 위한 기초 자료로, 문장어와 구두어 자료를 체계적으로 수집해 연구용 정보를 부여한 것)를 이용할 수 있다.

그러나 여기에는 기업과 업계 독자적인 표현과 단어는 용례로 포함되지 않는다. 그러므로 이러한 표현과 단어를 이용하려면 기업이 학습 데이터를 독자적으로 정비할 필요가 있다. 업계에서 특유의 문장을 대량으로 준비할 수 있다면 업계에 특화된 언어 모델을 구축할 수 있다.

필자도 수기 문자 인식으로 텍스트화한 의사 진단서에 의학 관련 문장으로 학습한 언어 모델을 적용함으로써 잘못된 문자 인식을 교정할 수 있다는 것을 실험으로 확인했다.

RNN의 형태와 적용 업무

RNN은 자연언어 처리에 종종 사용되고 있지만 그 외에도 공장기기 등 가동 데이터와 주가와 같은 시계열 데이터의 예측 등에도 이용되고 있다. 또한 CNN이 특기로 삼는 고정길이 데이터에도 적용할 수 있으므로 이미지 처리에 이용되는 경우도 있다.

실제로 RNN을 이용하려면 대상 업무에 따라 달라지는 형태의 뉴럴 네트워크를 구축해야 한다. 아래 그림에 전형적인 네 종류의 이용 형태를 나타냈다. 234페

RNN의 이용 형태와 적용 사례

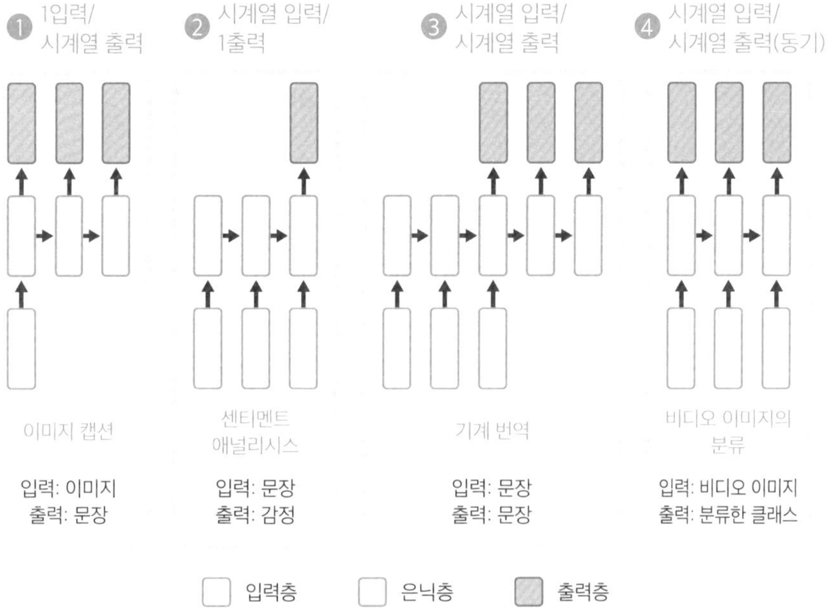

출처: http://karpathy.github.io/2015/05/21/rnn-effectiveness/를 바탕으로 노무라 종합연구소 작성

이지 아래 그림과 비교했을 때 가로 세로가 반대로 되어 있지만 기본적인 구성 요소는 모두 같으며 입력층, 은닉층, 출력층으로 되어 있다. 각 형태의 동작 개요와 적용 업무 예시는 다음과 같다.

① 1입력/시계열 출력

이 형태의 RNN은 이미지에 대한 캡션 생성 등에 이용된다. 구체적으로는 한 장의 입력 이미지에 대해 단어의 시계열인 문장(캡션)을 출력하는 방법을 취한다.

② 시계열 입력/1출력

이 형태의 RNN은 문장을 입력하면 그 내용이 긍정적 감정을 나타내는 것인지 부정적 감정을 나타내는 것인지를 판별해 둘 중의 하나를 그 결과로 출력하는 업무에 적합하다. 이러한 업무는 센티멘트 애널리시스(감정 분석)라고 불리며, 고객 앙케트의 분석과 뉴스 기사를 활용한 주가 변동 예측(올라가거나 내려가거나) 등에 이용된다.

③ 시계열 입력/시계열 출력

이 형태를 가진 RNN의 전형적인 적용처는 기계 번역이다. 단어의 시계열인 일본어 문장을 입력하면 영단어의 시계열인 영문을 출력하는 동작을 시행한다. 이러한 이용 형태는 시계열(시퀀스)로 시계열(시퀀스)을 생성하기 때문에 sequence to sequence[seq2seq] 모델이라 불린다.

또한 입력한 시계열을 어떠한 특징량으로 변환(인코드)해 다시 다른 시계열로 변환(디코드)하는 기능을 실현하고 있다고 간주할 수 있기 때문에 인코더, 디코더 모델이라 불리기도 한다.

④ 시계열 입력과 시계열 출력이 동기

이 형태의 RNN은 시계열 입력된 각 데이터에 대해 일대일로 대응하도록 출력된다. ③의 경우 일본어와 영어 번역처럼 입력과 출력 단어의 수가 반드시 일치할 필요는 없다. 그러나 동기 타입의 경우 입력과 출력 수가 일치하는 점이 ③ 타입과 차이가 있다. 이 형태의 RNN은 비디오의 각 프레임을 분류해 라벨을 붙이는 처리에 이용된다.

LSTM의 장기 의존 관계의 제어

RNN은 시간상으로 과거의 입력 정보도 이용 가능한 구조로 되어 있지만 실제로 이용하면 장기 의존 관계를 잘 이용할 수 있도록 학습시키는 일이 어렵다는 것을 알 수 있다. 이는 RNN이 실제로는 매우 깊은 층수의 뉴럴 네트워크와 동등한 가치라는 점에 기인한다. 예를 들어 RNN이 취급하는 시계열이 1,000스텝일 경우, 1,000층이나 되는 깊은 뉴럴 네트워크에 대한 학습 처리가 필요하다. 앞에서 소개한 CNN에서는 가장 층수가 큰 ResNet에서도 152층이라는 것을 생각해보면 RNN이 얼마나 깊은 층을 다루고 있는지 알 수 있을 것이다.

그러므로 RNN의 은닉층에는 일반 인공 뉴런에 피드백 루프를 더한 단순한 구조가 아닌, 장기와 단기 의존 관계를 명시적으로 제한할 수 있는 LSTMLong short-term memory 등의 기능 블록을 이용하는 것이 일반적이다.

LSTM은 내부에 메모리 셀을 가지고 있으며 필요에 따라 그 값을 계속 유지하거나 필요가 없어졌을 때 망각시키거나 할 수 있다. LSTM의 오리지널이 1995년에 발표된 이래, 몇 번의 기능 개선이 이루어져 여러 버전이 존재하고 있다. 그러나 일반 이용의 범위에서는 텐서플로와 같은 딥러닝 프레임워크를 이용하므로 사용자는 이를 의식하지 않고 적절히 LSTM의 기능을 이용할 수 있다.

LSTM과 RNN의 특기인 시계열 처리는 IoT와도 관련이 있으며 이후 이용이 증가할 것으로 기대되고 있다.

5-3

이미지 데이터 등을 생성하는 기술

GAN

딥러닝은 이미지와 음성을 인식할 뿐만 아니라 이미지와 음성을 생성하는 기술도 실용화했다. 최근에는 문장으로 서술된 그대로 이미지를 생성하는 등의 제어 기술도 향상되고 있으며 관련 기술의 비즈니스 이용도 확대되고 있다.

생성 모델과 GAN

기계학습의 분류 모델에는 **식별 모델**과 **생성 모델** 두 종류가 있다. 식별 모델은 입력 데이터가 개나 고양이처럼 각 클래스에 속할 확률을 직접 모델화한다. 식별 모델은 CNN으로 이미지 식별 등에 이용되고 있으며, 개일 확률이 80%라든지 고양이일 확률이 20%라는 출력을 나타낸다.

생성 모델도 식별 모델과 마찬가지로 각 클래스에 속할 확률을 산출하지만 처음에 관측 데이터로 그 데이터의 확률 분포를 추정해 그 식견을 가지고 확률을 산출한다. 생성 모델이 추정하는 확률 분포의 사례를 다음 페이지 그림에 나타냈다. 이 그림에서는 ○와 ✕ 두 가지 클래스가 각각의 타원에 표기된 것과 같은 확률 분포를 가지고 있다고 가정한다. 이 확률 분포를 추정할 수 있다면 ✕의 타원 중심 부분의 데이터라면 ✕에 속할 확률이 높다는 것을 알 수 있다.

식별 모델도 생성 모델도 단순히 식별에 사용한다면 큰 차이가 없다. 그러나 생성 모델은 클래스 분류뿐만 아니라 어떤 클래스에 속하는 유사한 데이터를 만들 수 있다는 장점이 있다. 다음 페이지 그림에서 ● 부분의 데이터 표본을 뽑아 ○ 클래스에 속하는 유사한 데이터를 만들 수 있는 것이다. 예를 들어 ○가 개의 이미지 데이터라고 한다면 ●도 개의 이미지 데이터일 것이라고 기대된다.

생성 모델과 확률 분포

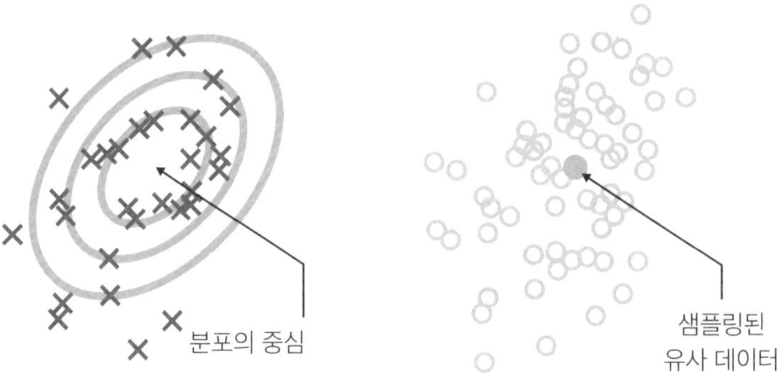

이 생성 모델을 딥러닝으로 적용한 것이 **심층생성 모델**이다. 심층생성 모델로 현재 가장 주목받고 있는 것이 **생성적 적대 네트워크** Generative Adversarial Network: GAN라 불리는 방법이다.

GAN은 생성기Generator와 식별기Discriminator라는 두 가지 뉴럴 네트워크로 구성된다. 생성기는 생성 모델을 추정해 학습한 실제 이미지 데이터와 같은 클래스에 속할 유사 데이터를 생성하려 한다. 한편 식별기는 실제 이미지 데이터로 추출한 샘플인지, 아니면 생성기의 샘플인지를 식별한다. GAN에서는 이 두 가지 뉴럴 네트워크가 경쟁하는 것처럼 학습시킨다.(다음 페이지 그림)

이러한 두 가지 뉴럴 네트워크의 관계는 위조지폐 제작과 이것을 꿰뚫어 보려는 경찰로 자주 비유된다. 위조지폐 제작자는 원래 만들던 것과 똑같은 위조지폐를 만들어 경찰을 속이려고 한다. 그리고 경찰은 진짜와 같은 위조지폐를 간파하려고 서로 경쟁한 결과, 진짜와 똑같은 지폐를 만들 수 있게 된다. 이때 양자가 대립하는 처리는 적대적 프로세스Adversarial Process라고 불리며 GAN의 어원이 되었다. GAN에서는 이 사례와 마찬가지로 두 가지 뉴럴 네트워크를 경합시켜 실제 이미지 데이터와 구분이 되지 않는 유사한 데이터를 생성한다.

● **GAN의 동작 원리**

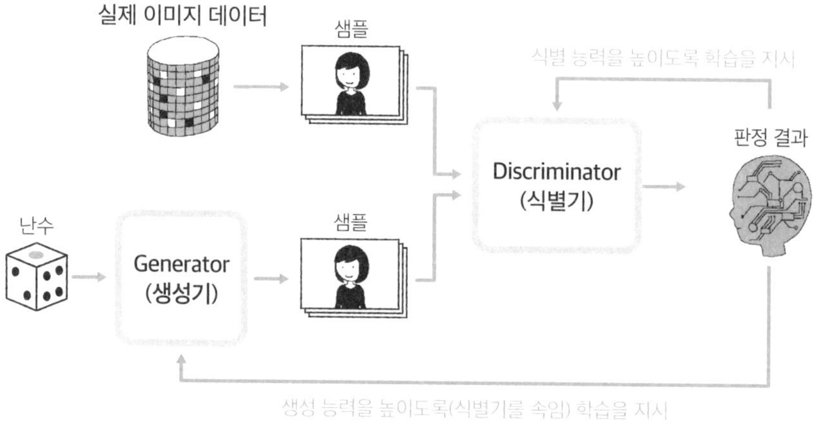

GAN의 적용 업무

GAN은 2014년에 당시 몬트리올 대학의 박사 과정 학생이었던 이안 굿펠로Ian Goodfellow가 착안한 기술이다. 착안한지 얼마 되지 않은 기술이지만 학회뿐만 아니라 산업계에서도 크게 주목하고 있으며 많은 관련 연구와 산업 응용이 진행되고 있다.

GAN은 앞에서 이야기한 것처럼 진짜와 똑같은 이미지를 생성하는 기술로 탄생했다. 초기의 GAN을 활용한 생성 이미지는 예리함이 조금 부족했지만, GAN과 CNN을 통합한 Deep Convolutional GAN: DCGAN이라는 기술로 매우 화질 높은 이미지를 얻게 되었다.

또한 DCGAN이 이미지 생성을 위해 특징 벡터를 이용해 63페이지에서 소개한 워드투벡을 활용한 단어 간의 벡터 연산과 같은 일이 이미지에도 가능해졌다. 이로써 '미소 짓는 여성－여성＋남성＝미소 짓는 남성'이라는 이미지 사이의 연산이 가능해졌다. 이러한 기술의 진전으로 이미지 생성 제어 기술도 향상되어 현재는 '몸이 노랗고 검은 날개를 가진 부리가 짧은 작은 새'와 같은 문장에서 작은 새의 이미지를 생성할 수도 있다.

GAN은 이러한 단순한 이미지 생성뿐만 아니라 이미지에서 이미지로의 변환도 가능하게 했다. 구체적으로는 흑백 이미지로 컬러 이미지, 선화(에지 이미지)로 자연 이미지(소재감이 있는 표면을 가진 이미지), 항공 이미지로 지도 이미지, 물체 세그먼테이션 이미지로 원래의 자연 이미지로 변환하는 등 다양한 변환도 실현했다.

이러한 기술은 예를 들어 웹페이지 등에서 고객 개인에게 맞춘 이미지 콘텐츠를 자동 생성할 때 이용할 수 있다고 여겨지고 있다.

현재 GAN의 산업 응용이 진행되고 있는 것은 제조업에서의 제품 검사와 인프라 관리에서의 보수 업무이다. 제품 이미지 등으로 이상을 검출할 경우, 처음에 생각하는 것이 이상이 있는 이미지를 대량으로 학습시켜, 이상을 검출하는 식별기를 구축하는 방법이다. 그러나 이상 발생은 일반적으로 빈도가 낮아서 이상 이미지를 대량으로 준비하는 방법을 적용할 수 없는 케이스도 있다. 이에 대해 GAN과 같은 기술을 사용하면 어떤 상황에 대한 정상적인 이미지를 생성하는 것이 가능하다. 그러므로 생성된 정상적인 이미지와 실제 이미지를 비교해 이상을 검출할 수 있게 된다. 일본에서도 도시바와 전력회사가 협력해 GAN을 이용한 송전선 보수 점검의 솔루션 개발을 진행하고 있다.

또한 최근에는 GAN을 약물 개발에 적용하는 것도 시도되고 있다. 미국 바이오테크놀로지 기업의 인실리코 메디슨Insilico Medicine은 항암 특성을 가졌을 가능성이 있는 화합물을 생성하는 네트워크와 치료에 관한 기존 정보를 바탕으로 화합물 효과를 판별하는 네트워크를 구축해 양자를 경합시켜 암 치료약을 개발하려 한다. 이처럼 GAN은 다양한 산업에서 응용이 기대되고 있다.

'딥 페이크' GAN이 만들어낸 AI의 그림자

GAN은 최근 딥러닝 관련 기술 중에서 강화 학습과 마찬가지로 산업에서의 응용이 가장 기대되고 있는 기술이지만, 그 높은 기능이 사회적인 문제를 일으키기도 한다. 딥 페이크Deep fake는 사이클겐CycleGAN이라는 기술을 사용해 유명인 등의 얼굴을 다른 사람의 얼굴로 바꾸어 합성한 이미지와 동영상의 총칭이다. 사이클겐은 이미지 변환에 특화된 GAN의 일종이다. 이 기술은 이미지의 특수 촬영 등에 이용할 수 있는 한편, 악용되면 진짜와 구분할 수 없는 페이크 뉴스 요소를 생성하고 만다.

딥 페이크가 확대된 요인 중 하나가 2018년 1월에 레딧Reddit이라는 소셜 뉴스 사이트가 공개한 '페이크앱FakeApp'이라는 애플리케이션이다. 사이클겐 같은 새로운 기술은 그 개발자와 논문을 보고 적용한 엔지니어가 깃허브 등의 인터넷 상의 소프트웨어 개발 플랫폼에 샘플 코드를 게재하는 일이 많으며, 일부 사람들만 알 수 있는 기술은 아니다.

그러나 일반 사람이 소스코드로 딥러닝 애플리케이션을 만들려면 딥러닝의 개발 환경 정비 등 기술적인 장벽이 있으며 쉬운 일이 아니다. 하지만 '페이크앱'에서는 얼굴 이미지만 준비하면 간단히 얼굴을 바꾼 영상을 만들 수 있게 된다. 그러므로 이 애플리케이션이 공개된 후 같은 해 2월에 트위터 등의 소셜 미디어가 딥 페이크를 금지할 때까지 수많은 딥 페이크가 게시되었다.

'페이크앱'의 존재 자체는 절대 위법이 아니지만 수많은 저작권 침해와 명예훼손 사안의 방아쇠가 된 것은 틀림없다. AI를 취급하는 기술자는 기술이 사회에 미칠 영향을 앞으로 신중하게 고려해야 한다.

5-4 시행착오로 학습하는 기술

심층 강화 학습

사전에 준비된 학습 데이터를 사용하지 않고, 시행착오를 거치면서 모델을 학습시키는 방법이 강화 학습이다. 최근에는 강화 학습과 심층학습을 조합한 심층 강화 학습으로 로봇의 제어 등에서 큰 성과를 얻고 있다.

강화 학습이란?

강화 학습은 시스템이 시행착오를 거치면서 최적의 제어를 실현하는 기계학습 방법의 하나이다. 최적 제어의 개념은 1950년대 후반부터 있었으며, 현재 강화 학습의 원형도 1980년대 후반에는 구축되어 있었다. 최근에는 강화 학습에 딥러닝을 조합한 **심층 강화 학습**이 바둑과 같은 게임뿐만 아니라 로봇의 제어와 자연언어 처리까지 폭넓게 사용되고 있다.

강화 학습의 업무는 어떤 '상태'에 놓인 에이전트가 선택한 '행동'으로 얻어진 '보상'을 최대화하는 것을 목적으로 한다.(다음 페이지 그림) 여기에서 주의해야 할 점은 보상은 '각 행동의 결과'가 아닌 '연속된 행동의 결과'로 얻어진다는 점이다. 바둑이라면 한 수를 둔 직후의 돌 개수로 보상을 결정하는 것이 아닌, 최종적으로 게임의 승리로 이어지는 수에 대해서 최대의 보상이 주어지게 된다.

강화 학습 업무를 해결하기 위해 딥러닝을 활용한 최초의 성공 사례가 15페이지에서 소개한 DQN딥Q네트워크이다. DQN은 비디오 게임을 실행하는 에이전트로, Q학습이라는 강화 학습이 그 원형이다. DQN에서는 Q학습 처리의 두 부분에서 딥러닝을 활용하고 있다.

첫 번째는 에이전트가 '상태'를 인식하는 부분이다. DQN은 비디오 게임 이미

강화 학습의 시스템

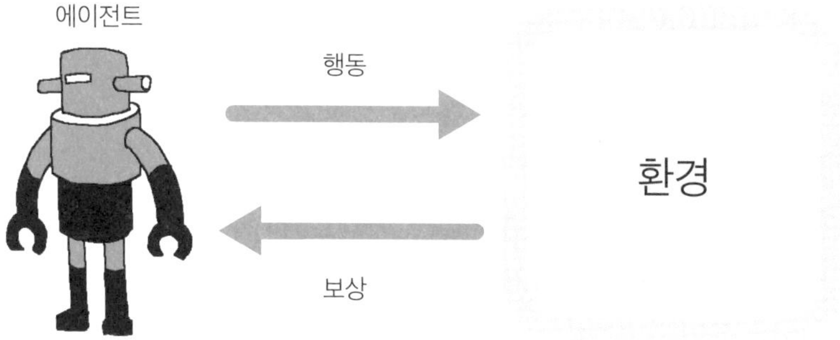

지에 CNN을 적용해 이미지의 특징을 추출하고, 기존에는 어려웠던 '상태'의 적절한 인식을 가능하게 했다.

또 한 가지는 '행동'을 최적화하는 부분이다. DQN에서는 '어떤 상태'에서 '어떤 행동'을 선택했을 때 '보상'을 평가하는 행동 가치 함수라고 불리는 것을 딥러닝으로 구축한다. 실제 DQN에서는 '상태'의 인식과 행동 가치 함수를 조합한 것을 딥러닝으로 실현하며, 적절한 '상황' 인식과 적절한 '행동' 선택이 가능한 시스템으로 이루어져 있다.

금융과 자연언어 처리에 대한 적용도 확대

심층 강화 학습은 바둑과 장기 등의 게임 세계뿐만 아니라 최근에는 로봇 제어 분야에서도 이용이 확대되고 있다. 일본에서도 화낙과 덴소가 산업용 로봇 제어에 적용하기 위해 연구 개발을 진행하고 있다. 이러한 제조업에서의 활용은 3장에서 소개한 본사이 같은 스타트업 기업이 솔루션화하고 있으며 이후 이용이 확대될 것으로 기대된다.

제조업 이외에서도 심층 강화 학습의 새로운 적용처로 주목받고 있는 것이 금융 및 마케팅 분야와 자연언어 처리에서의 대화 제어이다.

금융 분야에서는 주식 등의 판매 전략 집행에 적용하는 일이 검토되고 있다. 최근 주가 예측에 딥러닝을 활용해 예측 정밀도 향상을 노리는 작업이 일반적으로 이루어지고 있지만 가치 변동 예측 후의 집행은 아직까지 룰 베이스의 알고리즘을 활용한 것이 주류였다.

이에 대해 2017년경부터 이 집행 부분에 심층 강화 학습을 적용하려는 시도가 급속히 증가하고 있다. 심층 강화 학습을 집행 부분에 적용하려는 이유는 투자에 대한 리턴을 최대화할 수 있는 집행 모델을 구축하기 위해서이다. 가격 변동을 예측하는 딥러닝 모델과 리턴을 최대화하는 심층 강화 학습 모델을 한 번에 학습시켜, 더욱 고도화된 판매 전략을 실현하는 시스템을 목표로 하고 있다.(아래 그림)

최근 이러한 예측 모델과 집행 전략을 최적화하는 모델의 조합은 고객의 라이프타임 밸류[5]를 최대화하는 추천 상품과 서비스 책정에도 활용된다.

심층 강화 학습을 활용한 주식 판매의 최적화

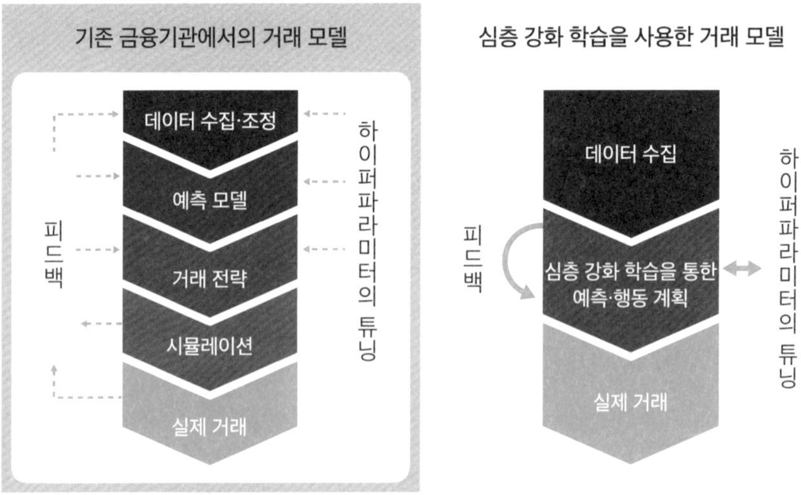

출처: Merantix사의 강연 자료를 바탕으로 노무라 종합연구소 작성

5 **라이프타임 밸류** 고객 생애가치. 고객이 거래 기간을 통해 기업에 가져다주는 이익의 총합.

자연언어 처리에서도 심층 강화 학습의 이용 검토가 진행되고 있다. 딥러닝의 선구자라고 할 수 있는 연구자 중 한 명인 몬트리올 대학의 벤지오 교수가 개발한 대화 시스템인 '미라봇MILABot'은 대화에서 대답을 생성할 때 여러 개의 답변 후보 가운데 더욱더 좋은 답변을 선택하는 기능을 실현하기 위해 심층 강화 학습을 이용하고 있다.

구체적으로는 대화 품질을 인간 이용자에게 평가하게 하는 시스템을 구축해 이용자의 만족도가 높아지도록 대답 선택 기능을 훈련한 것이다. 이러한 대화에서의 심층 강화 학습의 활용 연구는 현재 급속도로 확대되고 있다. 대화 시스템을 실현하려면 많은 과제가 있으며 심층 강화 학습으로 모든 과제를 해결할 수 있는 것은 아니지만 자연언어 처리 분야에서도 심층 강화 학습의 이용은 이후 그 중요성이 높아질 것으로 예상된다.

심층 강화 학습의 과제

심층 강화 학습의 적용 영역은 착실히 확대되고 있지만 실용화하기 위한 과제가 몇 가지 존재한다. 그중에서도 특히 어려운 것이 가치함수의 구축이다. DQN은 범용성이 높으며 같은 프로그램에서 여러 개의 게임을 공략했지만 일부 게임에는 전혀 대응할 수 없었다. 대응할 수 없는 게임에서는 보상을 얻는 빈도가 매우 낮다는 특징이 있었다. 이러한 '소홀한 보상'의 경우, 보상을 얻는 케이스를 학습할 기회가 없으므로 강화 학습이 제대로 기능하지 않는다. 또한 사람이 직접 가치함수를 설계하는 일이 애초에 어렵다는 점도 강화 학습을 활용할 때 큰 과제 중 하나가 된다.

이러한 가치함수의 구축에 관한 과제를 해결하기 위한 방법 중 하나가 모방 학습이다. 모방 학습에는 몇 가지 방법이 있지만 가장 단순한 방법이 Behavior

모방 학습을 활용한 자동차 운전의 시스템

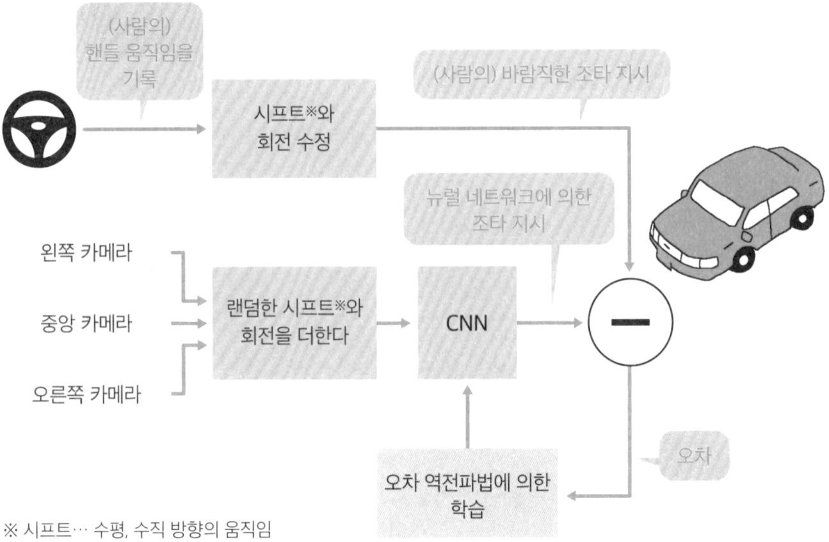

※ 시프트… 수평, 수직 방향의 움직임

출처: https://devblogs.nvidia.com/parallelforall/deep-learning-self-driving-cars/를 바탕으로 작성

Cloning이라고 불리는 방법이다. Behavior Cloning에서는 인간 전문가의 행동을 그대로 시스템이 모방하도록 학습시킨다. 이 방법을 자동차의 자동운전에 활용한 것이 엔비디아이다. 위 그림은 엔비디아 자동차 운전 시스템의 구성을 나타낸 것이다. 이 시스템에서는 CNN으로 모델을 구축하고 입력 이미지로 인간처럼 핸들이나 액셀을 제어하도록 학습시킨다.

모방 학습에는 Behavior Cloning 외에도 인간 전문가의 행동에서 역 강화 학습으로 보상을 예측하는 방법과 GAN으로 생성 모델을 이용해 행동을 최적화하는 모델을 구축하는 GAIL Generative Adversarial Imitation Learning이라는 방법이 있다. 일본에서도 어센트 로보틱스Ascent Robotics라는 스타트업 기업이 GAIL 등의 모방 학습 기술을 활용해 로봇의 제어와 자동운전 자동차를 개발하고 있다.

AI는 인간을 뛰어넘을 수 있을까? AI의 발전과 미래

앞으로의 AI를 생각할 때 AI 인재의 부족 등과 같이 문제가 되는 부분이 있다. 또한 AI가 고용에 미칠 영향을 우려하는 목소리와 AI가 전 인류의 지능을 합친 능력을 뛰어넘을 것이라는 싱귤래리티의 도래를 둘러싼 논의도 계속되고 있다.

마지막 장인 이번 장에서는 AI와 사람, 사회와의 관계에 주목하며 앞으로의 AI의 진화 끝에 있는 우리의 미래에 대해 살펴보고자 한다.

CHAPTER

5

6-1

AI는 자아와 마음을 가질 수 있을까

강한 AI와 약한 AI

최근의 기술 진보로 AI의 진화는 눈에 띄게 발전하고 있다. 따라서 기존에는 절대 불가능하다고 생각했던 인간과 같은 지능을 가진 AI나 자아와 마음을 가진 AI의 실현성에 관한 논의와 연구가 활발해지고 있다.

특화형 인공지능과 범용 인공지능

현재 이용되는 모든 AI는 개별 과제 해결을 목적으로 설계되어 있다. 즉 아무리 우수한 AI라고 해도 처음에 설정한 과제 이외의 과제를 해결할 수 없다.

세계 최고의 프로 바둑기사에게 승리한 AI라고 해도 문자 인식과 대화는 할 수 없다. 이러한 AI는 '**특화형 인공지능**'이라 불린다. 이에 비해 인간처럼 광범위한 과제를 학습, 처리할 수 있는 AI를 '**범용 인공지능**'이라고 부른다. 애초에 AI가 인간과 같은 지능을 기계적으로 실현하는 것이라면 '범용 인공지능'이야말로 진짜 AI일 것이며, '특화형 인공지능'은 특정 과제 해결을 자동화하는 기계에 지나지 않는다는 견해도 있을 수 있다.

그러나 현재는 인간의 지적 활동의 일부를 대체하는 다양한 '특화형 인공지능'을 AI라고 부르는 것이 통례가 되었다. 그러므로 인간과 같은 범용성이 있는 AI를 구별하기 위해 '범용 인공지능Artificial General Intelligence: AGI'이라는 말이 사용되고 있다.

현재 '범용 인공지능'을 실현하는 방법은 명확하지 않다. 그러므로 두 번째로 맞이하는 인공지능 붐에서는 많은 기업과 연구기관이 '특화형 인공지능'의 실용화를 목표로 한 활동을 해왔다. 그러나 컴퓨터 연산 성능 향상과 뇌과학 등의 발전으로 2000년대에 들어선 뒤 '범용 인공지능'에 대한 관심이 서서히 높아지고 있다. 특히 최근 몇 년 동안은 딥러닝을 활용한 AI 붐도 가세해 '범용 인공지능'의 실현을 내건 스타트업 기업과 조직들이 늘어나고 있다.

알파고로 일약 명성을 얻은 구글 산하의 딥마인드도 그러한 조직 중 하나이다. 딥마인드의 홈페이지에는 '지성을 해명하고 이 세상을 더 좋은 곳으로 만들기 위해 그 지성을 이용한다.'라는 기업 미션을 내걸고 있다. 딥마인드의 창업자인 데미스 허사비스Demis Hassabis는 기계학습과 뇌신경과학을 융합시켜 '범용 인공지능'을 실현하려 하고 있다. 딥마인드가 개발한 알파제로가 하나의 AI로 바둑뿐만 아니라 체스와 장기에 대응하는 범용성을 가지고 있는 점도 '범용 인공지능' 실현을 위한 딥마인드의 활동 성과 중 하나이다.

'강한 AI'와 '약한 AI'

'특화형 인공지능'이나 '범용 인공지능'과 비슷한 개념으로 '약한 AI'와 '강한 AI'라는 분류가 있다. 이 분류는 미국의 철학자 존 설John Rogers Searle이 제시한 것으로, 그가 1980년에 발표한 '마음, 뇌, 프로그램Minds, Brains, and Programs'이라는 논문에서 사용되었다.

설은 이 논문에서 '약한 AI'는 지적으로 보이는 동작을 할 뿐이며, 마음을 연구하기 위한 도구라고 이야기했다. 이에 비해 '강한 AI'에 대해서는 '마음을 연구할 때 컴퓨터는 단순한 도구가 아니며, 적절하게 프로그램된 컴퓨터는 마음 그 자체'라고 했다. 그는 '약한 AI'의 실현과 그 유용성을 인정하면서도 '중국어 방'이라는 사고 실험으로 '강한 AI'의 실현성을 부정했다. 설이 진행한 '중국어 방'이라는 실험은 다음과 같은 사고 실험이다.(다음 페이지 그림)

어떤 방에 영어는 할 수 있지만 중국어는 할 수 없는 사람이 있다. 방 밖에서

● **중국어 방**

그 사람에게 중국어로 질문을 던진다. 그에게 중국어는 단순한 기호의 나열에 지나지 않는다. 그러나 그는 영어로 쓰인 규칙처럼 중국어 질문을 기호로 처리해 질문의 답변을 중국어로 작성하고 밖에 제출한다. 이 사고 실험에서는 중국어 질문과 답변의 의미를 이해하지 못하는 사람이 언뜻 중국어를 이해하고 있는 것처럼 보인다.

이처럼 컴퓨터 프로그램은 인간처럼 기호를 처리할 수는 있지만 중국어 방의 인간처럼 의미를 이해하지는 못한다고 했다. 설은 인간의 마음이 기호에 의미를 부여하는 것이며, 마음과 정신이 깃든 '강한 AI'는 만들 수 없다고 주장했다.

설의 이러한 주장에 대해서는 많은 찬반 의견이 있으며, 정신과 자유 의지를 가진 '강한 AI'가 실현 가능한지에 대해서는 아직 논쟁이 계속되고 있다.

'강한 AI'는 인류를 멸망시킬까?

실현성 자체에 논쟁이 있는 '강한 AI'이지만 항간에서는 의지를 가진 '강한 AI'로 인류가 멸망하는 게 아니냐는 우려도 일어나고 있다. '강한 AI'로 실현되는 로봇을 영화 터미네이터의 세계와 겹쳐 보고 있는 것이다.

이러한 우려에 박차를 가하는 요인이 된 것이 AI 진화에 대한 저명인들의 우려 표명이다. 2018년에 세상을 떠난 영국의 우주물리학자 스티븐 호킹Stephen William Hawking 박사는 2014년 BBC와의 인터뷰에서 "완전한 인공지능을 개발할 수 있다면 그것은 인류의 종말을 의미할지도 모른다."라고 발언하는 등 AI 발전에 관해 지속적으로 경고했다. 또한 테슬라Tesla와 스페이스엑스SpaceX의 CEO인 일론 머스크Elon Reeve Musk도 매사추세츠 공과대학의 항공우주학과 100주년 기념행사 때 단상 위에 올라 "인공지능에는 꽤 신중한 대응이 필요하다. 악마를 불러들이는 결과가 될 것이기 때문이다. 악마를 불러내는 사람은 악마를 조종할 수 있다고 확신하지만, 결국 조종할 수 없을 것이다."라고 AI의 위험성을 이야기했으며 전 세계적으로 신중히 논의해야 할 문제라고 주의를 촉구했다.

이러한 발언에 대해 AI 전문가들은 반론을 제시했다. 딥마인드의 데미스 허사비스는 인공지능의 윤리적 운용과 위험성에 대해 깊이 생각하고 있지만, 자신의 전문 분야가 아님에도 저명인사들이 갑자기 여론을 부채질하는 것에 대해서는 쓴소리를 했다.

그렇다면 다른 AI 전문가들은 어떻게 생각하고 있을까. 2014년에 옥스퍼드 대학의 연구자인 빈센트 뮐러Vincent Müller와 닉 보스트롬Nick Bostrom은 AI 전문가들을 대상으로 인간 수준의 인공지능이 언제 실현될지에 대한 앙케트 조사를 실시했다. 여기에서 인간 수준의 인공지능이란 '인간이 할 수 있는 모든 업무를 인간과 같은 레벨로 실행할 수 있는 것'이라고 정의되었으며, '범용 인공지능'과 같은 것을 생각해도 좋다.

이 앙케트에 따르면 2040~2045년의 실현 가능성이 50%, 2070~2075년에는 90%의 가능성으로 실현될 것이라는 대답이 있었다. 또한 AI가 인간에게 이익을 줄 것인가라는 질문에는 절반 이상이 매우 좋은 또는 좋은 영향을 줄 것으로 대답했으며, 나쁜 영향 또는 매우 나쁜 영향을 줄 것으로 예상한 연구자들의 비율인 약 20%를 크게 웃돌았다. 이 앙케트가 전제로 하는 것은 '강한 AI'가 아닌 '범용 인공지능'이긴 하지만 AI의 진화로 나쁜 영향이 발생할까 우려하는 전문가들이 적지 않다는 것을 엿볼 수 있다.

6-2

AI는 인류의 지성을 뛰어넘을까

싱귤래리티

인간과 같은 지능과 의지를 가진 '강한 AI'가 실현되면 2045년에는 모든 인류의 지능을 합친 능력을 뛰어넘는 '초인공지능'이 실현될 것이며 우리 인류는 싱귤래리티(기술적 특이점)를 맞이할 것이라고 한다.

싱귤래리티란?

싱귤래리티Singularity는 특이점을 가리킨다. 특이점이라는 말은 수학과 물리학 세계에서 쓰이는 용어로, 일반 세계의 기준을 적용할 수 없는 점을 모두 가리키는 말이다. 우주에 존재하는 블랙홀은 매우 높은 밀도와 큰 질량으로 인한 강한 중력 때문에 물질뿐만 아니라 빛조차도 탈출할 수 없는 천체이다. 이 블랙홀에는 밀도와 중력이 무한대인 '중력의 특이점'이 있다고 추측되고 있다. '중력의 특이점'에서는 시공간도 무한으로 구부러지기 때문에 우리가 생활하는 평범한 세계의 시간과 공간의 기준을 적용할 수 없게 된다.

이러한 특이점에 관한 생각을 기술 진보 세계로 가져와 '기술적 특이점'이라는 개념을 처음으로 전파한 것이 수학자이자 작가인 버너 빈지Vernor Vinge이다. 빈지는 1993년에 『다가오는 기술적 특이점The Coming Technological Singularity』이라는 에세이에서 "반드시 도래할 기술적 특이점으로 새로운 슈퍼 인텔리전스가 스스로를 계속 업그레이드하게 될 것이며, 기술적으로는 이해 불가능한 속도로 진보해 인류의 시대가 끝날 것이다."라고 기록했다. 현재 AI에 대한 문맥에서 이야기되는 싱귤래리티는 이 '기술적 특이점'을 의미하고 있다.

싱귤래리티와 '기술적 특이점'이라는 개념은 이처럼 20년 전부터 있었지만 가까운 시간 안에 실현될 미래로는 생각되지 않았다. 그러나 최근 몇 년간 AI의 급속한 성능 향상으로 싱귤래리티의 실현성이 다시 주목받고 있다. 현재 싱귤래리티에 대한 높은 관심의 발원점이 된 것은 미래학자인 레이 커즈와일Ray Kurzweil이 2005년에 저술한 『특이점이 온다Singularity is Near』라는 책이다. 커즈와일은 이 책에서 "2040년대 중반에는 1,000달러로 구매할 수 있는 계산 능력이 10의 26제곱 cps(cps는 1초당 계산 횟수)에 도달할 것이며 1년간 창출되는 지능은 오늘날 모든 인간의 지능보다도 약 10억 배나 강력해질 것이다."라고 했다. 그 결과 인간의 능력이 밑바탕부터 뒤집힐 것이며 2045년에는 변모하는 싱귤래리티가 도래할 것으로 예상했다.

지수함수적인 기술 진화가 싱귤래리티를 실현

커즈와일의 예측 배경에는 수확 가속의 법칙이 있다. 수확 가속의 법칙이란, 기술 진보 시에 그 성능이 직선이 아니라 지수함수적으로 향상되는 법칙을 이야기한다. 이러한 현상은 컴퓨터의 성능 향상 등 많은 정보 관련 기술에서 볼 수 있다. 그중에서도 유명한 것이 무어의 법칙이다. 무어의 법칙에 따르면 집적회로에 사용되는 트랜지스터의 수는 18개월마다 배로 증가한다는 것을 알 수 있다. 반도체의 고집적화와 함께 컴퓨터의 처리 성능도 계속 향상되고 있다.(다음 페이지 그림)

커즈와일은 '진화는 올바른 피드백을 적용하기 위한 것'이라는 생각이 기술이 이처럼 지수적으로 향상하는 요인이라고 했다. 즉 기술 진화가 이루어진 단계에서 획득한 강력한 방법이 다음 단계의 진보를 만들어낼 때 이용되는 것이다. 이를 통해 다음 진보까지의 기간이 단축되며, 혁신의 속도가 가속화된다는 것이다.

커즈와일은 이 수확 가속의 법칙을 바탕으로 싱귤래리티가 2045년에 도래할

무어의 법칙

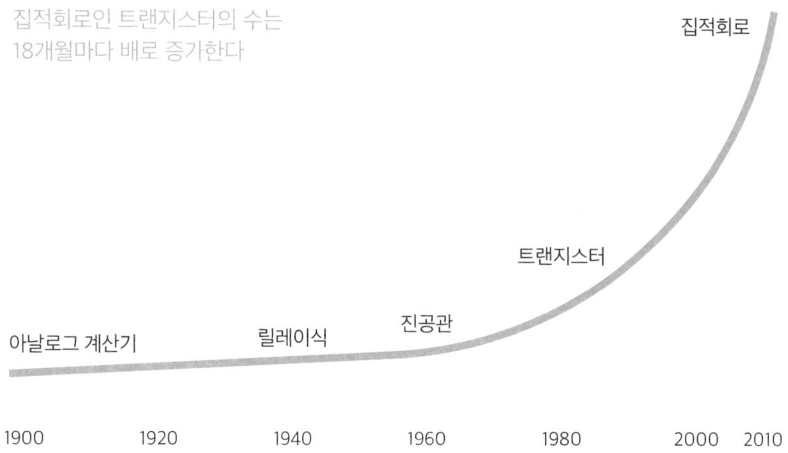

출처: 노무라 종합연구소

것으로 예측했다. 그가 생각하는 싱귤래리티의 실현 요소에는 크게 나누어 두 가지가 있다. 첫 번째는 뇌 기능을 컴퓨터 상에 재현하는 기술, 또 한 가지는 뇌 기능 시뮬레이션을 가능하게 만드는 컴퓨터의 지수함수적 성능 향상이다.

이 두 가지 기능 중 컴퓨터의 지수함수적 성능 향상에 대해서는 실현 가능성이 크다고 예상된다. 최근 반도체 미세화의 한계가 가까워져, 무어의 법칙에 그림자가 드리워졌다. 그러나 AI에 이용되는 전용 프로세서는 병렬 처리 기술 등으로 지금도 계속 성능이 향상되고 있다.

한편 뇌 기능을 컴퓨터 상에 재현하는 기술은 아직 확립되어 있지 않다. 딥러닝은 뇌의 구성 요소인 뉴런의 움직임을 인공적으로 본뜬 인공 뉴런을 사용하고 있지만 뇌 전체의 기능을 모델화하지는 않는다. 커즈와일은 뇌 기능을 재현하기 위해 뇌의 리버스 엔지니어링을 시도하려 하고 있다. 리버스 엔지니어링은 하드웨어와 소프트웨어를 분해, 해석해 동작 원리와 제조 방법을 알아내는 방법이다.

실제로 뇌의 리버스 엔지니어링을 하려면 몇 가지 단계가 필요하다. 먼저 뇌의 내부를 자세히 알아봐야 한다. 또한 이를 모델화해 최종적으로는 뇌의 각 영역을 시뮬레이션해야 한다. 커즈와일은 2029년에는 이러한 기술을 이용할 수 있게 될 것이며, 인간의 지식과 의식을 컴퓨터 상에 재현하는 것이 가능해질 것이라고 한다. 그리고 커즈와일은 이와 같은 생각을 실현하기 위해 현재 구글에서 대뇌 신피질을 컴퓨터 시뮬레이션하는 프로젝트에 참가하고 있다.

서양에서는 거대 뇌 연구 프로젝트를 추진

커즈와일이 싱귤래리티에 관한 생각을 처음 세상에 선보였을 때는 뇌의 리버스 엔지니어링과 같은 생각이 터무니없는 것으로 취급되어 주변에 그다지 받아들여지지 않았다. 그러나 2010년대에 들어오면서 서양에서는 정부 주도로 뇌의 기능을 해명하려는 시도가 시작되어 '아폴로 계획[1]', '인간 게놈 계획[2]'에 필적하는 거대 과학 프로젝트를 진행하려는 양상을 나타내고 있다. 미국에서는 2013년 4월 2일에 오바마 대통령이 브레인 이니셔티브BRAIN initiative에 대한 대응을 발표했으며, 같은 해 EU도 휴먼 브레인 프로젝트Human Brain Project: HBP를 시작했다. 이러한 연구들은 뇌의 구조와 활동 시스템의 해명을 목적으로 하며, 미래에는 뇌의 완전한 컴퓨터 모델 구축 등에 그 결과가 활용될 것으로 기대되고 있다. 지금은 뇌 기능 해명과 AI는 떼려야 뗄 수 없는 밀접한 연관을 지닌 연구 영역이 되었다.

휴먼 브레인 프로젝트의 서브 프로젝트인 스피니커SpiNNaker 프로젝트에서는

1 **아폴로 계획** 미국 항공우주국(NASA)이 진행하는 달에 유인 우주선을 보내는 비행 계획.
2 **인간 게놈 계획** 인간의 게놈(인간 게놈)의 모든 염기 배열을 해석하는 구체적인 계획.

맨체스터 대학이 뇌 시뮬레이션 전용 시스템 개발을 추진하고 있다. 이 프로젝트는 신경과학자, 컴퓨터과학자, 로봇공학자를 위한 연구 도구로서 실시간 대규모 뉴럴 네트워크의 시뮬레이션에 적합한 고성능 대규모 병렬 처리를 위한 플랫폼 제공을 목적으로 한다.

이 프로젝트에서는 쥐의 두뇌와 같은 규모의 뉴럴 네트워크를 장착할 수 있는, 약 10만 개의 ARM 프로세서 코어를 탑재한 시스템을 이미 개발했다. 미래에는 100만 개의 ARM 프로세서 코어로 인간과 같은 10억 개의 신경세포로 이루어진 뉴럴 네트워크의 실시간 시뮬레이션의 실현 시스템을 구축할 예정이다.

2045년에 싱귤래리티가 일어날 것인가 그렇지 않을 것인가에 대한 논쟁의 결론은 아직 나오지 않았지만 싱귤래리티 실현을 위한 연구 개발은 이미 다양한 형태로 진행되고 있다.

6-3
AI는 일자리를 빼앗을 것인가
AI와 고용의 미래

AI의 진화와 함께 고용에 미칠 영향에 대한 우려도 확대되고 있다. AI나 로봇과 고용에 관한 연구의 결과, 기존에는 기계로 대체하기 어려웠던 직업에도 영향을 줄 것이라는 사실을 알게 되었다.

49%의 고용이 대체 가능?

노무라 종합연구소는 2015년 12월에 영국 옥스퍼드 대학의 마이클 A. 오즈번 Michael A. Osborne 조교수와 칼 베네딕트 프레이 박사Carl Benedikt Frey의 공동 연구를 통해 일본 내 601개 종류의 직업이 각각 AI와 로봇 등으로 대체될 확률을 시험적인 계산으로 제시했다. 그 결과 10~20년 후에 일본 노동 인구의 약 49%가

영국 옥스퍼드 대학과 노무라 종합연구소의 연구 결과

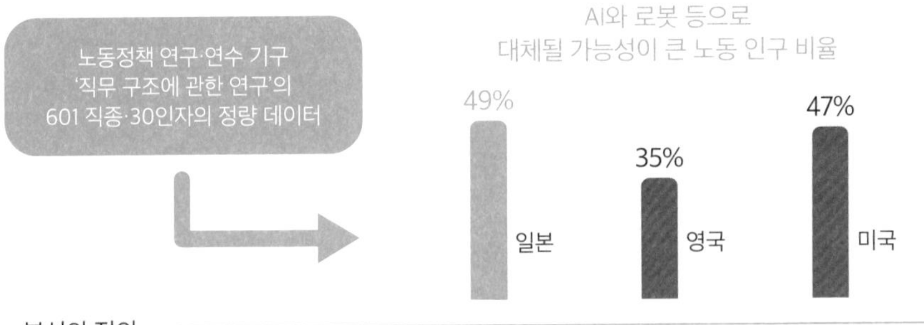

분석의 정의

높은 확률(66% 이상)로 컴퓨터로 대체할 수 있는 직종의 노동 인구 비율

- 컴퓨터로 대체한다는 것은 어떤 직종에 종사하는 한 사람의 모든 업무를 컴퓨터가 대신 수행할 수 있는 것.
- 어디까지나 컴퓨터로 인한 기술적 대체의 가능성이며, 실제로 대체될지는 분석하지 않았다.
- 각 직종에 종사하는 사람의 스킬과 속성으로 분석하고 있으며, 노동 수급 환경 등은 고려하지 않았다.

※ 미국 데이터는 오즈번 조교수와 프레이 박사의 공저 『고용의 미래(The Future of Employment)』(2013년), 영국 데이터는 오즈번 조교수, 프레이 박사, 딜로이트 토마츠 컨설팅 회사의 보고 결과(2014년)

일하고 있는 직장에서 AI나 로봇 등으로 인해 기술적으로 대체 가능할 것이라는 추계 결과를 얻었다.

이번 연구 결과에는 두 가지 주목해야 할 점이 있다. 첫 번째는 지금까지 컴퓨터로 대체하기 어려웠던 화이트칼라 직종의 대체가 진행된다는 점이다. 또 한 가지는 비교적 고수입 직종인 변호사나 법무사와 같은 직업의 대체 가능성이 커졌다는 것이다.

이러한 직업은 고도화된 전문 지식이 필요하므로 기존에는 컴퓨터로 자동화하기 어려웠지만 비교적 정형화된 업무에 대해서는 컴퓨터로 대체할 가능성이 크다고 예상된다. 구체적으로는 은행 창구계, 계산계, 변리사계, 법무사 등은 기계로 대체될 가능성이 크다고 여겨지는 한편 교사, 의사, 디자이너 등은 대체 리스크가 낮다는 결과를 얻었다.

또한 일본과 영미권을 비교해보면 일본에서의 대체 가능 비율이 영미권 비율을 웃돌았다. 그 원인은 일본에서는 최첨단 기술의 도입이 늦어지고 있어 노동생산성이 낮아 대체 가능한 업무를 하는 사람이 많다고 여겨지기 때문이다. 또한 자동화되기 쉬운 업무와 자동화되기 어려운 업무의 차이는 '크리에이티비티[3]'와 '소셜 인텔리전스[4]'라는 두 가지 요소를 포함하고 있는가에 따르며, 과거 10년 동안 미국에서 새롭게 탄생한 직업들에는 이러한 요소들이 포함되어 있는 직업이 많다는 것을 알 수 있었다.

3 **크리에이티비티(창조성)** 추상적인 개념을 정리·창출하는 능력으로 예술, 역사학, 고고학, 철학, 신학 등의 직업에 필요하다.

4 **소셜 인텔리전스(사회적 지성)** 인간끼리의 상호 관계 속에서 다른 사람의 감정을 공감하며 읽어내고 행동하는 능력. 다른 사람과의 협조나 다른 사람과의 이해, 설득, 협동, 서비스 지향성이 요구되는 직업에 필요하다.

고용의 미래에 대한 현상 예측

노무라 종합연구소와 오즈번 조교수가 진행한 연구는 기술의 진전과 고용의 미래를 생각해보는 계기가 되었지만 49%라는 숫자가 눈에 띈다는 느낌은 지울 수 없다. 이 숫자는 어디까지나 기술적인 대체 가능성이며, 기술을 도입하는 데 필요한 비용과 법 제도의 미비와 같은 도입 장벽으로 인해 발생하는 영향에 대해서는 감안하지 않았다.

그러므로 실제로 대체되는 노동 인구는 좀 더 줄어들 것이다. 또한 기술로 인한 고용 대체의 가능성만 언급하며 새로운 고용 창출에 대해서는 정량적으로 제시하고 있지 않기 때문에 마치 49%나 되는 실업자가 발생하는 것처럼 조사 결과를 받아들인 사람들이 많았던 점도 문제였다.

그러나 이 연구를 계기로 많은 연구자와 컨설팅 펌Consulting Firm이 기술과 고용의 관계를 조사하게 되었으며, 현재는 고용에 대한 미래 예측에 더욱더 많은 식견이 나타나고 있다.

일본에서도 2018년에 독립 행정법인 경제산업연구소RIETI가 '인공지능 AI 등이 고용에 미치는 영향: 일본의 실태'라는 리포트를 발행했다. 이 리포트에 따르면, 대부분의 조사에서 공통으로 다음과 같은 결과를 얻었다고 한다. 첫 번째는 스킬도가 중간 레벨인 고용을 잃게 되며, 스킬도가 낮거나 높은 레벨의 고용이 증가할 경향이 있다는 점이다. 그리고 노무라 종합연구소의 연구 결과와 마찬가지로 기술로 대체되는 고용 스킬도의 경계선이 더 높아져 전문성이 높은 직업의 대체 가능성이 커진다는 것을 시사했다.

게다가 고용이 사라지기만 하는 것은 아니고 성장하는 새로운 비즈니스 모델이나 그 주변 산업에서 고용이 증가하기 때문에 전체적으로는 증가할 것으로 예측된다. 그러나 새롭게 창출되는 직업에 적응하기 위해서는 재교육 시스템이 작동해야만 한다는 것을 유념해야 한다.

AI의 진화와 동반된 미래의 리스크

현재 앞으로 10~20년이라는 기간 동안은 AI나 로봇이 고용에 미치는 영향이 한정적일 것으로 생각한다. 그러나 더 미래로 눈을 돌리면 기술이 진보하면서 고용에 미치는 영향이 커질 가능성이 있다.

예를 들어 자연언어 처리 능력이 높아져 AI가 인간처럼 말을 이해할 수 있게 되면 기존 문서를 활용해 AI가 자동으로 지식을 획득하고 정리하는 일이 가능해진다. 또한 AI가 뛰어난 커뮤니케이션 능력을 얻을 가능성도 커져 현재 화이트칼라가 진행하는 업무 대부분을 저렴한 비용으로 기계화할 수 있게 될 것이다.

또한 '범용 인공지능Artificial General Intelligence: AGI'이 실현되면 고용에 극적인 변화가 발생한다. AI와 경제의 관계를 연구하는 도마자와 대학 경제학부의 이노우에 도모히로井上智洋 조교수는 싱귤래리티에 대한 우려보다도 그보다 먼저 실현될 '범용 인공지능'으로 초래될 '기술적 실업'과 경제 성장에 대한 영향을 문제시해야 한다고 지적한다.

'기술적 실업'이라는 것은 경제학 용어로서, 새로운 기술 도입으로 발생하는 실업을 의미한다. 일반적으로 '기술적 실업'은 일시적인 문제이며 고용은 회복된다. 이는 '기술적 실업'이 발생하는 요인이 된 혁신이 새로운 산업과 직업을 만들어내므로 직업을 잃은 노동자들이 다른 업종이나 기업으로 이직할 수 있기 때문이다. 앞에서 소개한 현재 진행되는 앞으로 10~20년간의 고용에 대한 예측은 이러한 상황과 부합한다.

그러나 '범용 인공지능'이 출현하면 고용에 미치는 영향이 달라질 것이다. '범용 인공지능'은 인간처럼 스스로 학습해 다양한 지적 작업을 대체하는 일이 기술적으로 가능하다. 그러므로 그 결과, 새롭게 탄생한 직업도 '범용 인공지능'에 빼앗겨 인간의 새로운 고용의 장이 사라지게 될 가능성이 있다. 물론 기술적으로 '범용 인공지능'을 실현할 수 있게 되어도 그 이용에 따른 규제와 윤리 등의 문제를 모두 해결할 수 있게 될 거라는 보장은 없다. 그러므로 업무 내용과 이용 상황에 따라 AI의 이용이 제한되거나 인간과의 공동 작업이 필요해지는 경우도 당연히 예상된다.

또한 두뇌로서 '범용 인공지능'이 실현된다고 해도 신체가 동반되지 않으면 인간이 손발을 사용해 진행하는 업무를 대체할 수 없다. '범용 인공지능'이나 이를 활용한 신체를 실현하려면 적어도 20년 이상 걸릴 것으로 생각된다. 그러나 현재 살아가고 있는 많은 사람과 이러한 시대의 도래가 연관이 없다고는 할 수 없다. 우리 인류는 AI나 로봇과 공생해 고용을 수호하면서 생산성을 향상시키는 방법을 모색하는 시대로 향하고 있다는 것을 의식해야 한다.

6-4

기업이 요구하는 AI 인재란

기업의 미래를 만드는 AI 인재

AI가 기업의 신규 비즈니스 창출과 생산성 향상에 큰 영향을 주기 시작해 전 세계적으로 AI 인재 획득을 위한 움직임이 활발해지고 있다. AI의 활용이 기업의 미래를 좌우할 것으로 예상됨에 따라 인재 문제는 당면 과제가 되고 있다.

국제회의는 미국과 중국 독단의 장으로

2016년 일본 문부과학성의 과학기술·학술정책연구소는 AI 관련 학회에서의 나라별 발표 건수를 계산해 각국의 존재감에 대해 측정했다. 구체적으로는 저명한 인공지능 국제회의인 AAAI Association for the Advancement of Artificial Intelligence: 미국 인공지능학회, AAMAS International Conference on Autonomous Agents and Multiagent Systems 및 KDD International Conference on Knowledge Discovery and Data Mining의 2010년부터 2015년까지의 회의록을 바탕으로 주요국별 발표 건수를 카운트하여, 각국의 존재감(참가도)을 계산했다.

조사 결과에 따르면 미국과 중국이 압도적인 존재감을 가지고 있는 것에 비해 일본의 존재감은 매우 낮다는 것이 드러났다. 가장 권위 있는 미국 인공지능학회의 국제회의에서는 최근 수년 동안 미국과 중국의 발표가 급증하고 있다. 2015년에는 미국의 대학과 기업의 발표가 326건(48.4%)으로 가장 많았고, 다음으로 중국 138건(20.5%)이었다. 두 나라가 전체 발표 건수의 약 70%를 차지하고 있다. 일본의 순위는 8위인데, 발표 건수가 20건(3%)으로 꽤 적은 상황이다.

필자와 연구진도 일본 국내외의 AI 관련 학회에 참가하고 있어 이 발표 내용을 실감하고 있다. 덧붙이자면 학회 회의장에서는 중국의 존재감이 이 발표 내용보다 더 크게 느껴졌다. 이는 소속 기관이 미국의 IT 기업과 대학인 경우에도 발표 담당자가 중국계 연구원인 경우가 많기 때문이다. 실제로 발표하는 연구자들의 절반 가까이가 중국계인 것으로 생각할 수 있다.

기업의 심각한 AI 인재 부족

일본 기업에서의 AI 인재 부족은 연구자의 국제적인 존재감 저하보다 심각한 문제가 되고 있다. 현재의 AI 기술은 크게 나누어 두 가지가 있는데, 빅데이터 처리 등을 활용해 분석과 예측을 하는 '어른 AI'와 딥러닝으로 실현되는 인식과 운동 능력 등을 활용하는 '어린이 AI'가 있다. 어른 AI로 분석을 진행할 때 필요한 것이 데이터 사이언티스트라고 불리는 인재이다. 안타깝게도 많은 일본 기업에서는 어린이 AI 인재는커녕 어른 AI용 데이터 사이언티스트조차 제대로 갖추고 있지 않다.

한편 해외 기업에서는 데이터 사이언티스트가 일반적인 직종이 되고 있다. 최근 필자들이 참가한 몇 개의 비즈니스 관련 AI 해외 콘퍼런스에서도 사용자 사례를 발표하는 대부분의 강연자가 데이터 사이언티스트라는 직함을 가진 사람들이었다. 또한 이러한 콘퍼런스 참가자들의 3분의 1은 데이터 사이언티스트였으며, 나머지는 일반적으로 비즈니스 관련 계열의 사람들과 IT 관련 계열의 사람들이었다. 일본과 해외의 데이터 사이언티스트 인재 상황에는 큰 차이가 있다.

일본 기업에 데이터 사이언티스트가 적은 이유는 몇 가지가 있다. 첫 번째로는 일본 기업은 대부분의 IT 관련 업무를 벤더에게 위탁하고 있는 것에 비해 서양에서는 이러한 업무에 대한 내재화를 진행하고 있다는 점이다. 하지만 더욱 근본적인 원인은 대학교에서 전문 교육을 받은 사람 수의 차이이다. 맥킨지 분석에 따르면 대학에서 심화 분석에 관한 교육을 받은 학생 수는 미국이 약 2만 5,000명인 것에 비해 일본은 3,400명밖에 되지 않는다. 공급 사이드인 대학의 문제인지 기업 측의 수요가 표면화되어 있지 않은 것이 문제인지는 알 수 없지만 대학의 인재 공급 부족은 '어린이 AI'의 활용에도 어두운 그림자를 드리우고 있다.

어른 AI와 어린이 AI는 모두 통계, 확률 등의 수학과 이를 기초로 한 기계학습과 같은 기술로 만들어진다. 그러므로 어른 AI와 마찬가지로 어린이 AI와 관련해서도 일본 대학 교육의 인재 배출력이 미국 등에 비해 떨어지는 상황이다.

또한 일본과 서양은 인재 채용활동에도 차이가 있다. 해외에서는 국제회의가 기업의 인재 채용활동에서 중요한 역할을 담당하고 있다. 세계 톱클래스의 연구자가 한자리에 모이는 국제회의 회의장에서는 구글과 페이스북 같은 인터넷 기업과 금융기관 등이 채용을 목적으로 한 부스를 개설한다. 이러한 기업들은 학회의 스폰서로 이름을 올리고 있는데, 뒤에서 자금을 지원할 뿐만 아니라 채용활동이라는 형태로 실리를 얻고 있다. 일본 기업도 국내로만 눈을 돌리지 말고 인재 획득 전략의 일환으로 해외 학술계와의 거리를 좁히는 활동을 진행해야 한다.

일본 기업에 필요한 AI 인재

기업이 AI 활용을 추진하려면 두 종류의 인재가 필요하다. 첫 번째 인재는 다양한 AI 기술의 특성을 이해하고 그것을 비즈니스에 적용할 수 있는 인재이다. 서양에서는 비즈니스 센스가 뛰어난 데이터 사이언티스트가 새로운 AI 기술을 이해하고 첫 번째 인재로서의 기능을 다하고 있다. 서양에서는 AI뿐만 아니라 IT 인재를 사내에 갖추고 있는 경우가 많으며, 이러한 인재가 AI와 IoT 등의 첨단 기술을 활용해 기업의 디지털 트랜스포메이션DX[5]을 추진하고 있다.

5 **디지털 트랜스포메이션(DX)** AI 등의 첨단 IT를 활용한 비즈니스 개혁.

그러나 일본에서는 DX 인재가 기업 내에 존재하지 않는 경우가 많으며, 외부 리소스에 의존하고 있는 실정이다. 이러한 상황은 기업 앙케트의 결과로도 나타나고 있으며, AI에 관한 대표적인 과제는 'AI에 대한 이해 부족'이 되고 있다.(다음 페이지 위 그림)

본래 자신의 회사가 가진 과제를 제대로 이해하고 적절한 솔루션을 만들어내는 인재를 사내에서 육성하는 일은 꼭 필요하지만 이 일에는 시간이 걸린다. 차선책으로 해외의 AI 비즈니스 사례를 조사해 일본과 자사의 환경에 적합하게 도입할 수 있는 통찰력 있는 인재를 활용하는 일도 시야에 넣어야 한다.

두 번째 인재는 AI 개발 인재이다. AI 개발 인재에는 새로운 이론을 만들어내는 레벨부터 도구를 사용해 AI를 장착할 수 있는 레벨까지 크게 3단계 인재가 있다.(다음 페이지 아래 그림) 기업에서 특히 필요한 것은 최신 논문을 늘 체크해 다른 회사보다 앞서 첨단 기술을 자사 제품과 서비스에 적용할 수 있는 기술자이다. 현재 AI에 관련된 기술은 매일 대량의 논문으로 발표되고 있다. 구글 등이 발표하는 최첨단 연구 성과를 일본에서도 쉽게 입수할 수 있다. 그러나 최신 논문을 이해하는 데 필요한 수학 지식도 고도화되고 있어, 이후 AI 인재에게는 수학적 소양이 더 필요해질 것이다.

앞으로 AI 등과 같은 첨단 기술의 활용 정도가 기업의 미래를 크게 좌우할 거라 예상된다. 그러므로 AI 인재 문제는 기업이 가진 경영 과제에서 중요한 테마 중 하나가 될 것이다. 기업은 획득과 육성의 양면에서 AI 인재의 증강책을 추진해나가야 할 것이다.

AI에 관한 과제

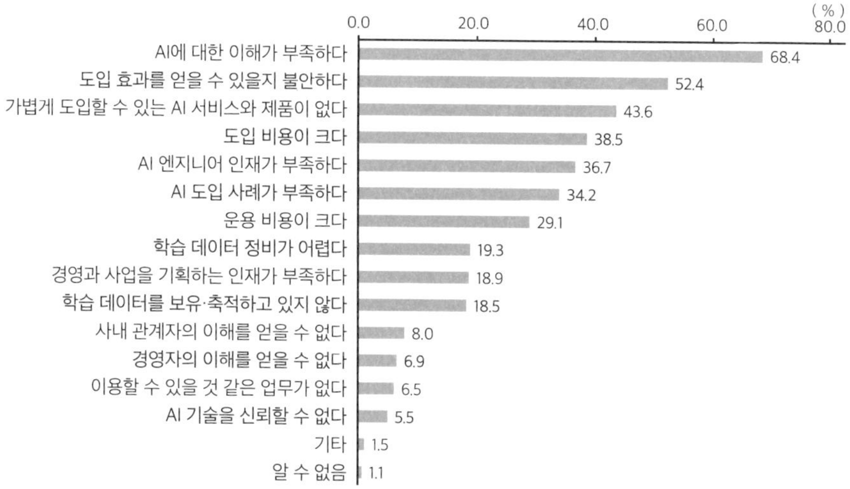

출처: 정보처리추진기구 AI 사회실장추진조사 보고서

AI 개발 인재

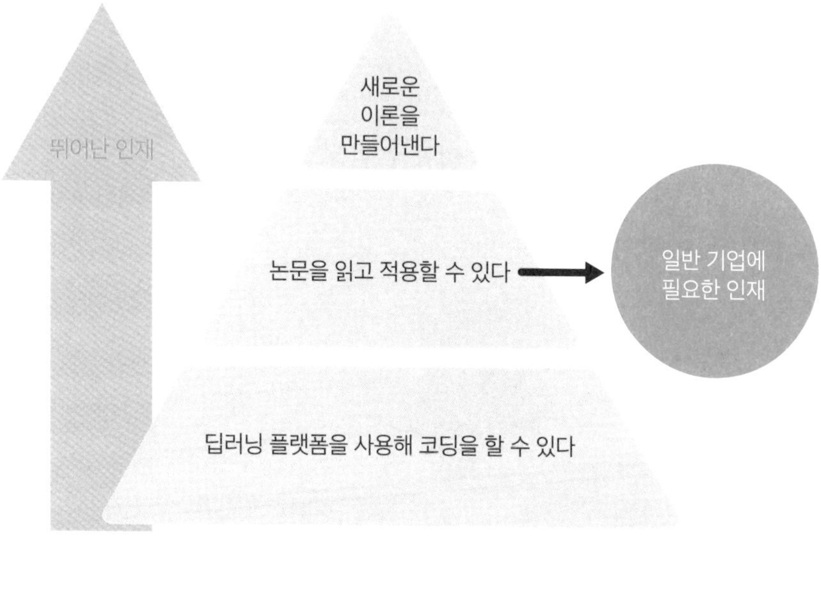

6-5

AI가 인간의 능력을 높인다

AI를 활용한 능력 확대

AI를 인간의 대체물로서가 아닌 인간의 능력을 확장하기 위한 수단으로 받아들이는 사고방식이 확산되고 있다. 컴퓨터와 사람이 협력해 서로의 강점을 활용함으로써 높은 성과를 이끌어내려는 시도가 시작되고 있다.

인공지능과 증강지능

증강지능Augmented Intelligence이란 컴퓨터를 활용해 인간의 능력을 확장하는 일을 말한다. 인공지능AI: Artificial Intelligence이 미래에 인간을 대체할 수 있을 것으로 받아들여지는 것에 비해 증강지능은 요소기술로 AI를 활용하면서도 인간을 중심으로 하는 기술이다.

예를 들어 변호사가 대량의 자료 속에서 증거를 발견하는 작업을 돕는 시스템을 들 수 있다. 사람이 하루 동안 확인할 수 있는 자료의 양에는 한계가 있다. 한편 자료 대부분은 자연문 등으로 이루어진 비非구조 데이터이며, AI를 사용했다고 해도 문장의 미묘한 뉘앙스를 파악할 수 없는 일도 예측되기 때문에 컴퓨터는

증강지능의 개념도

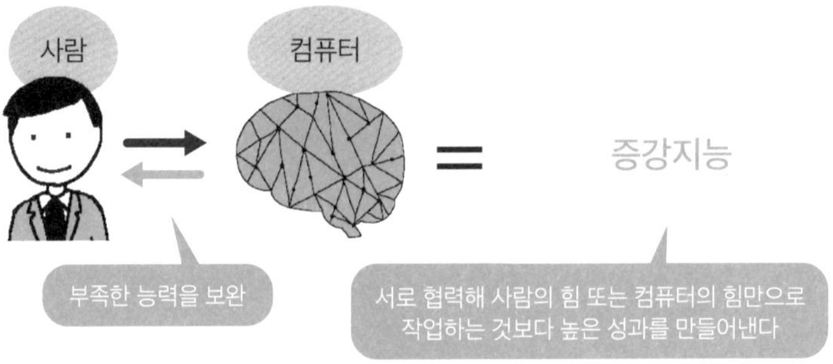

어디까지나 증거의 가능성을 나타낼 뿐이다.

여기에서 컴퓨터가 증거로 생각할 만한 대상을 추출하고 변호사가 최종 확인해 효율적으로 자료를 탐색하는 것이다. 증강지능으로 서로의 강점을 살려 사람의 손으로만 작업하거나 컴퓨터로만 작업하는 경우보다 뛰어난 성과를 얻을 수 있다.

증강지능이 주목받는 이유

증강지능이 최근 주목받고 있는 배경에는 AI와 계산기의 진화가 관련되어 있다. 딥러닝 등의 기술이 등장해 AI가 진화하고 컴퓨터가 해석할 수 있는 데이터가 사진이나 문장 같은 비구조 데이터까지 확장되고 있다. 또한 계산기의 고속화와 클라우드 컴퓨팅의 보급으로 대량의 데이터를 취급하는 일이 가능해졌다. 이 결과 변호사 업무의 증거 탐색처럼 지금까지 대상이 아니었던 업무에서까지 컴퓨터 활용이 시작되고 있다.

이 밖에 음성, VR Virtual Reality: 가상 현실과 AR Augmented Reality: 증강 현실, 두 가지를 조합한 MR Mixed Reality: 복합 현실, 제스처처럼 인터페이스 기술이 발전해 사람과 컴퓨터는 이전보다 더 서로 협조하며 작업을 진행할 수 있게 되었다.

법률 업무에서 진행되는 활용

세계 최초로 AI를 활용한 변호사 어시스턴트는 미국의 팔로알토에 있는 스타트업 기업인 '로스 인텔리전스Ross Intelligence'가 개발한 '로스ROSS'이다. 로스는 2016년에 미국 대규모 법률사무소인 '베이커 & 호스테틀러Baker & Hostetler'에 도입되었다. IBM 왓슨의 기술을 바탕으로 개발되어 과거의 판례 등 대량의 법률 문서를 학습하고 있다. 베이커 & 호스테틀러에서 로스는 파산 관련 업무를 담당하고 고객의 사례에 따라 참고할 수 있는 판례를 찾는 보조를 한다. 변호사는 사람과 대화하듯이 로스와 채팅해 고객의 상황과 관련성 높은 판례를 근거와 함께 확인할 수 있다. 이로써 변호에 필요한 기초적인 조사에 들이는 시간을 단축해 더욱 부가가치가 높은 일인 고객의 의견 청취와 전략 책정에 시간을 할당할 수 있다.

공소 준비를 비롯해 이후 활용이 진행될 것으로 예상되는 업무는 계약서 등의 작업 업무이다. 이스라엘의 스타트업 기업인 '리갈로직Legalogic'은 기업의 법무에 관한 전문 용어와 독특한 돌려 말하기 등을 6만 건 이상의 실제 계약서를 바탕으로 학습한 '로긱스LawGeex'라는 솔루션을 개발했다.

로긱스는 AI가 계약서를 리뷰하고 수정하는 서비스이다. 그 성능은 5개의 비밀유지 계약서 샘플을 사용한 사내 테스트로 확인되었다. 구체적으로는 대기업의 안건도 다룬 적이 있는 20명의 변호사가 테스트에 참여해 문서에 의도적으로 묻힌 결함(리스크)을 몇 개나 발견할 수 있는가를 통해 평가받았다. 변호사들은 평균 85%의 결함을 발견하는 데 그쳤으며, 가장 우수한 결과를 낸 변호사도 94%였다. 또한 변호사들은 평균 92분을 소요했다. 한편 로긱스는 겨우 26초 만에 가장 우수한 결과를 낸 변호사와 마찬가지로 94%의 결과를 도출해냈다. 계약서의 최종 체크는 법무사나 변호사 같은 전문가가 해야 하지만 로긱스와 같은 서비스를 활용하면 생산성을 크게 높일 수 있다.

사람과 AI가 협력해 배달 경로도 최적화

미국의 대규모 운송회사인 UPS가 2010년쯤부터 배달 경로를 최적화하기 위해 도입한 시스템이 '오리온ORION: On-Road Integrated Optimization and Navigation'이다. 오리온은 과거 몇 년에 걸친 배송 경로, 배달되는 물건의 종류와 주소 등의 이력

오리온의 개요

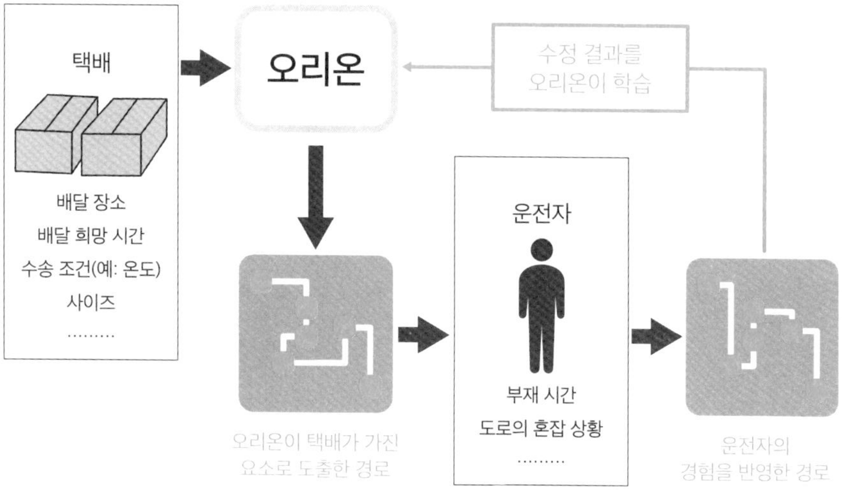

데이터를 분석해 최적이라고 판단되는 경로를 제안하는 시스템이다. 그러나 이 데이터에는 기상 조건과 당시 도로 정체 상황 등과 같은 상세한 정보는 포함되어 있지 않다. 그러므로 오리온이 안내한 경로가 반드시 배송 당일의 도로 상황에 적합하다고 할 수 없는 경우가 발생한다. 여기서 운전자는 오리온이 제안한 경로를 참고로 해 자신의 경험을 바탕으로 경로를 조정해 실제 배달 경로를 설계한다. 오리온은 대체로 좋다고 판단되는 길을 컴퓨터로 제안하고, 지역의 혼잡 상황의 특징을 숙지한 운전자의 식견을 활용해 더 최적화함으로써 컴퓨터와 인간이 협력하는 것을 전제로 한 확장된 지능 시스템이다.

오리온은 이미 미국 전역에 도입되어 2017년에는 CO_2 배출량의 10만 톤 삭감에 공헌하는 등 높은 효과를 거두고 있다. 앞으로는 독일, 영국, 캐나다에서도 도입될 예정이다.

시각과 청각, 육체까지도 확장하다

카메라 같은 센서, 로봇 같은 기계와 AI를 조합해 신체 기능을 보완하거나 강화하려는 시도도 시작되고 있다. 예를 들어 마이크로소프트는 청각과 시각 등 신체적인 제약이 있는 경우에도 자사의 오퍼레이팅 시스템을 조작할 수 있도록 접근성에 관한 연구를 진행하고 있다.

이 연구의 하나로 탄생한 것이 스마트폰용 애플리케이션인 '시잉 AI Seeing AI'이다. 카메라로 인식한 문서를 음성으로 읽어내거나 정경을 말로 설명할 수 있다. 컴퓨터가 사람의 눈이 되어 시각을 보완하는 것이다. 또한 마이크로소프트가 운영하는 음성통화 서비스인 스카이프Skype에는 실시간 번역 기능이 도입되어 서로 모국어를 사용해 대화할 수 있다. 일반적으로 사용하는 디바이스와 서비스 안에 AI가 도입되어 말의 장벽까지 사람이 뛰어넘을 수 있다.

육체를 확장하는 사례로 일본에서는 어시스트 슈트, 해외에서는 엑소 스켈레톤이라고 불리는 팔과 다리, 허리의 근육을 보조하는 장착형 로봇이 등장했다. 신체의 움직임에 맞추어 로봇이 움직이며, 무거운 짐을 들어 올리거나 보행 시의 피로를 줄일 수 있다. 근육에 흐르는 미약한 전류를 파악해 제어하거나 AI로 사람의 움직임을 예측해 어시스트하는 일 등 전 세계에서 연구 개발이 이어지고 있다.

앞으로 소형 경량화가 진행되어 미래에는 옷을 걸치는 느낌으로 착용한다면 공장이나 건설 현장과 같은 장소뿐만 아니라 고령자의 생활의 질 향상을 목적으로 간편하게 사용할 수 있게 될 것이다.

AI를 활용한 미래의 능력 확장

증강지능은 사람을 대체하거나 위협하는 존재로서의 AI가 아닌 사람과 공생하며 사람의 능력을 끌어내는 파트너(협력자)로서 받아들이는 것이다. AI는 대량의 데이터를 빠르게 분석해 지금의 이미지 인식처럼 상황에 따라서는 사람을 뛰어넘는 인식 능력을 획득했지만 사람이 가진 '윤리관'과 '상식'을 가지는 일은 아직 어려운 상황이다.

당장은 사람이 AI의 사용 방법과 효과를 확인하고 AI를 사회에 도입해나가게 될 것이다. 이러한 관점에서도 AI는 사람의 능력을 높여 사회를 고도화하기 위한 유효한 수단이라고 받아들이는 경향이 늘어나고 있다고 볼 수 있다. 매사추세츠 공과대학의 미디어랩이 중심이 된 미국 전기전자학회Institute of Electrical and Electronics Engineers: IEEE 내에 사람의 능력 확장에 관한 세계심의회인 '글로벌 확장 지능 위원회Global Council on Extended Intelligence'가 2018년에 설립되었다. 이러한 장을 통해 국제적인 관심이 높아져 지금까지보다 더 AI를 활용한 사람의 능력 확장에 관한 논의가 활성화될 것으로 예상된다.

AI 조감도

이 책에서 소개한 기업과 서비스, 솔루션, 소프트웨어, 개념 등을 분류해 매핑했다. AI의 전체상을 확인하고 싶을 때 활용해보자.

자동차

Audi / NVIDIA / Daimler / 디디추싱 / Waymo / Mobileye / 3DSignals / AEye

EC·소매

Amazon / Ocado / 징동 / Fellow Robots

엔터테인먼트·스포츠

Netflix / SAP / Walt Disney

건설

Skycatch / Autodesk / AI Build

농업

Blue River Technology / Bosch / Infarm

AI 부품

음성 인식 / 음성 합성 / 이미지 인식 / 문자 인식 / 대화 처리 / 언어 모델

알고리즘

CNN / DNN / RL / GAN

애널리틱스

DataRobot / H2O.ai / Feature Labs / Predix

AI 플랫폼※

Cloud AI / Azure AI / Cloud Auto ML / Cognitive Services / Cloud TPU / Azure Machine Learning / Cloud Machine Learning Engine

AI 라이브러리/프레임워크

ONNX / Scikit-learn / cuDNN / PyTorch / Keras / TensorFlow / CNTK

에지/모바일

추론용 AI 칩: NVIDIA / Apple / HUAWEI

온프레미스

GPU: NVIDIA

※ 각 벤더 서비스는 대표적인 것을 픽업

금융
- ForwardLane
- Kensho

전력
- ABB
- Moixa
- Daimler

로봇
- 화낙
- 가와사키 중공업
- Rethink Robotics
- Savioke
- iRobot

의료
- IBM
- Siemens
- BenevolentAI

운수
- MaaS Global
- Mobike
- Airbus

제조
- Sight Machine
- Bonsai
- 프리퍼드 네트웍스

IBM Watson

Watson API

Watson Analytics

Watson Knowledge Studio

Amazon AI

Amazon Transcribe

Amazon Machine Learning

SageMaker

특화형 서비스
- Kaggle
- Figure Eight
- ABBYY

업무 패키지
- Einstein
- Leonardo

Theano

Caffe

Torch

Gluon

MXNet

Chainer

모바일용
- TensorFlow Lite
- CoreML

클라우드
- NVIDIA GPU Cloud
- Google Cloud Platform
- Microsoft Azure
- IBM Cloud
- Amazon Web Services

기업명 서비스명·솔루션명·소프트웨어명 개념

찾아보기

ㅈ

ㅊ

ㅋ

ㅌ

산업 전분야에 대한 AI솔루션
인공지능 혁명

초판 인쇄 2021년 11월 10일
초판 발행 2021년 11월 15일

지은이 고메이치 마사토시·나가야 요시아키
옮긴이 이 원·이동훈
펴낸이 조승식
펴낸곳 도서출판 북스힐
등록 1998년 7월 28일 제22-457호
주소 서울시 강북구 한천로 153길 17
전화 02-994-0071
팩스 02-994-0073
홈페이지 www.bookshill.com
이메일 bookshill@bookshill.com

값 15,000원
ISBN 979-11-5971-381-1